INTERVIEWS & REPORTAGEN

Alexandra Hildebrandt | Jörg Howe [Hrsg.]

Die Andersmacher

Unternehmerische Verantwortung jenseits der Business Class

IMPRESSUM

HERAUSGEBER Dr. Alexandra Hildebrandt, Jörg Howe:
Die Andersmacher
www.arcandor.de

info@j-kamphausen.de, www.inspire-news.de

PROJEKTLEITUNG UND LEKTORAT Dr. Nadja Rosmann
GESTALTUNG Matrix Typographie & Gestaltung, Hamburg
DRUCK & VERARBEITUNG Media-Print, Paderborn

1. Auflage 2008
Die Deutsche Bibliothek – CIP-Einheitsaufnahme
Ein Titelsatz für diese Publikation ist bei der Deutschen
Bibliothek erhältlich.

ISBN 978-3-89901-159-3

Dieses Buch ist allen gewidmet,
die ihrer Bestimmung folgen und
den Mut haben,
die eigene Komfortzone zu verlassen,
um ihr Leben neu zu denken,
zu erfinden und zu leben.

INHALT

2 Vielfalt fördern: Handel(n) bedeutet mehr als verkaufen

INHALT

3 Mehr als (eine) Mode: Green Chic und und die Passion des Schopferischen

4 Gestalten und verbessern: Wie Unternehmen mit Nachhaltigkeit neue Werte schaffen

5 Grenzen überschreiten: Wie Musik neue Welten eröffnet und verbindet

6 Neue Maßstäbe setzen: Was wir von Kunst und Design lernen können

INHALT

HANDBOOK FOR WORKERS

VORWORT

Die Energie des Andersmachens

Warum unternehmerische Verantwortung im Kopf und im Herzen beginnt, und was Unternehmen daraus lernen können

Von Alexandra Hildebrandt

»Wer seine Grenzen überschreiten will,
muss immer wieder eine neue Sprache finden,
die sein eigenes Leben beschreibt.
Muss nicht ein Leben leben, sondern viele.«[1]

BERND ZIESEMER
CHEFREDAKTEUR HANDELSBLATT

Dieses Buch ist allen gewidmet, die ihrer Bestimmung folgen und den Mut haben, die eigene Komfortzone[2] zu verlassen[3], um ihr Leben neu zu denken, zu erfinden und zu leben. Die hier porträtierten Grenzgänger haben die Energie des Andersmachens, die sie konzentriert einsetzen und nicht unnötig verschwenden, denn das Leben ist ihnen kostbar. Daher geht ihre Energie auch nie in die Angst vor, sondern in die Lösung von Problemen.

Sie interessieren sich nicht für EINS, sondern für VIELES. Der Regisseur Pepe Danquart fand dafür ein passendes Bild: Stellen Sie sich einen Tisch vor – die meisten Menschen bewegen sich auf der Tischplatte, aber nicht am Rand. Häufig sind sie sogar glücklicher als die »Randfiguren«, weil sie sich in der Mitte bequem eingerichtet haben. Sie gehören häufig zu denen, die ihren Urlaub planen, aber nicht ihr Leben. Dabei ist das die interessantere Reise. Grenzgänger ohne »Vollkaskomentalität«, die ihren Weg erst finden müssen, werden von den Rändern angezogen.[4] Pepe Danquart, bekannt durch seine Dokumentarfilme über die Tour de France (»Höllentour«, 2003) und über die Brüder Thomas und Alexander Huber, die einen Geschwindigkeitsrekord im Klettern brechen wollten (»Am Limit«, 2007), sieht darin eine Metapher für das Leben. Die Huber-Buben sind Weltklassekletterer: »Dann fällt einer von ihnen. Daran wächst er. [...] Der Moment, in dem man fällt, macht einen zum Menschen.«[5] Dass man fallen kann, ist nicht schlimm. Wie sagte schon der alte Adenauer: »Fallen ist weder gefährlich noch eine Schande. Liegenbleiben ist beides.«

Grenzgänger, denen es ums Tun und nicht ums Siegen geht, sind unterwegs und gleichzeitig bei sich. Wilhelm Friedrich Boyens, Executive Chairman Egon Zehnder International Deutschland, bemerkt zu Recht, dass ihre unterschiedlichen Erfahrungen und ihr Querdenken ihnen ungewöhnliche Assoziationen als Motor für Kreativität und Innovation erlauben: »In unserer zunehmend komplexen Welt erscheint ihre Fähigkeit, sich in unterschiedlichen Sphären bewegen zu können, weitaus zeitgemäßer als die konventionelle Spezialisierung auf eine Profession. Denn die Gestaltung unseres Zusammenlebens heute und morgen, die Fähigkeit, vielfältige Probleme lösen zu können, erfordern sowohl Spezialkenntnisse wie auch koordinierendes Orientierungswissen. [...] Das gilt auch für die Verantwortlichen in den Unternehmen. Gerade sie müssen sich in verschiedenen Welten bewegen können.«[6]

Grenzgänger lieben das Leben, und deshalb ist es für sie kein »kleines Licht«, sondern – so George Bernhard Shaw – »eine strahlende Fackel, deren Träger ich im Augenblick bin, und ich will, dass sie so hell wie nur möglich leuchtet, bevor ich sie an die zukünftige Generation weitergebe.«

Die in diesem Buch vertretenen Grenzgänger und Weltveränderer leben selbst, anstatt gelebt zu werden, sie können sich in die Augen sehen, weil sie in den Augen der Nächsten bestehen und ein gutes Gewissen haben. Sie übernehmen Verantwortung: für andere und für sich selbst. Ihnen bringen die Jahre vieles bei, wovon die Tage nichts ahnen. Sie haben Zukunft, weil sie sich über sie Gedanken machen. In einem STERN-Artikel mit dem Titel »Was wirklich zählt im Leben« heißt es dazu: »Das kann manchmal schmerzvoll sein. Aber es stiftet Sinn.«[7]

Im Mittelpunkt dieses Buches stehen viele Fragen, denn erst das Wissenwollen bringt Diskussionen in Gang und hilft beim Problemlösen. Wie kann das Thema Corporate Social Responsibility (CSR) so vermittelt werden, dass es nicht als Modeerscheinung wahrgenommen und in einem Unternehmen wirklich gelebt wird? Müssen wir unternehmerisches Tun an diesem Begriff festmachen, oder gibt es nicht »nachhaltigere« traditionellere Bezeichnungen? Wie erreicht ein Unternehmen seine Stakeholder, also alle Anspruchsgruppen, die ein bestimmtes Interesse an ihm haben, im Kopf und im Herzen? Wie können Unternehmensthemen unspektakulär, unaufdringlich und überzeugend vermittelt werden? Wie können Menschen lernen, in Kontexten zu denken und den eigenen Tunnelblick zu überwinden? Was bedeutet kulturelle Vielfalt für einen Konzern? Warum sollte Diversity in Unternehmen eine Rolle spielen? Weshalb müssen wir in unserer modernen Lebens- und Arbeitswirklichkeit mehrere Rollen gleichzeitig ausüben, Multi-Identitäten erlernen und entwickeln?

Das Buchprojekt ist selbst ein Grenzgang, weil es Wirtschaft, Politik, Wissenschaft, Kunst und Kultur verbindet. Es wäre ohne die Unterstützung von Jörg Howe, Leiter der Konzernkommunikation bei der Arcandor AG[8], nicht möglich gewesen. Ich danke ihm, aber auch den verantwortlichen Vorständen Dr. Matthias Bellmann und Prof. Helmut Merkel für ihr Vertrauen. Mit diesem »Vorschuss« war es möglich, die Nachhaltigkeitskommunikation auch mit anderen Themen wie Cultural Diversity und Kreativität zu verbinden. Denn der Wert eines Unternehmens lässt sich nicht allein aus Rankinglisten oder dem Geschäfts- und Nachhaltigkeitsbericht ablesen.

ARCANDOR leitet sich ab von »Arc« (in verschiedenen Sprachen »Bogen«). Das aus dem Lateinischen abgeleitete »candor« unterstreicht den Anspruch, Mehrwert zu schaffen. Unter anderem bedeutet es »glänzend«; in der Silbe »dor« ist das französische »Gold« enthalten. Dieses Sinnbild für Wertsteigerung ist auch im Claim der Arcandor AG enthalten: »Committed to creating value« – »verpflichtet, Wert zu schaffen«. Der Leitsatz soll auch die Verpflichtung des Managements und der Mitarbeiter gegenüber den Kunden ausdrücken: Qualität und bestmöglichen Service. Wer Werte berücksichtigt, wird selbst wertvoll. Das englische Wort für »Wert« (»value«) kommt vom lateinischen Wort »valere«, das stark sein und gesund sein bedeutet. Werte geben also innere Stärke, und wer auf sie baut, lebt auf gutem Grund. Wertbezogene Haltungen[9] sind auch das Verbindende aller an diesem Buch Beteiligten. Sie wissen, dass das Leben immer neu gefunden werden muss, dass es nie ohne Opfer, nie ohne Fehler und Misserfolge geht. Dr. Matthias Bellmann, verantwortlicher Personalvorstand und zuständig für die Gesellschaftspolitik bei der Arcandor AG, sagt zu Recht, dass die Eigenschaft, aus Fehlern zu lernen, zu den wichtigsten Fähigkeiten im Beruf gehört. Auch hier macht es Sinn, sich mit dem Grenzenlosen in der Begrenzung zu beschäftigen. Erst dann erfährt man, was es hinter dem eigenen Horizont zu entdecken gibt.

Weil sie eine Vorstellung davon haben, was sie wollen, erhalten die hier vorgestellten Menschen auch etwas. Und weil sie dankbar annehmen, was ihnen das Leben bietet, finden sie auch Glück und innere Erfüllung.

Sie bauen ihr Lebensgebäude nicht um, sondern haben auch den Mut, es abzureißen, wenn es sein muss. Wenn sie einmal scheitern, lernen sie daraus und machen weiter. »Einmal versuchen, scheitern. Wieder versuchen, wieder scheitern. Besser scheitern!« – heißt es in einem Text von Samuel Beckett. Die alte Reitsportregel gilt auch für sie: Wer vom Pferd stürzt, muss sofort wieder aufsitzen und weiter reiten – ansonsten respektiert das Tier seinen Reiter nicht mehr, der auch das Vertrauen in seine eigenen Fähigkeiten verlieren würde.

Das Leben ist für die an diesem Buch Beteiligten kein Dauerspaziergang, sie schlendern nicht einfach so herum (auch wenn das manchmal dazu gehört)[10] und bevölkern wie Touristen die Promenaden. Sie lassen es auch einmal drauf ankommen und loten gerne ihre Grenzen[11] aus, weil sie sich spüren möchten und sie nicht ihre begrenzte Lebenszeit vergeuden wollen. Sie sind mutig und riskieren etwas, ohne lange zu fragen, ob es richtig oder falsch ist. Dafür werden sie am Ende

benefit

durch unbezahlbare Erfahrungen belohnt. »Wenn wir alle Dinge täten, deren wir fähig sind, würden wir uns buchstäblich in Erstaunen versetzen«[12], sagte schon Thomas Edison.

Sie würden sich niemals für etwas hergeben, hinter dem sie nicht mit ganzem Herzen stehen. Doch sie sind keine typischen Abenteurer, die, von ihrer Begierde getrieben, nur dem Adrenalinkick hinterher und vor ihrem eigenen Leben davon laufen. »Beyond the limits« ist in Ordnung, sagt auch der Unternehmensberater Fredmund Malik, aber nur für jene Menschen, die Limits als solche zunächst einmal erkennen, und dann – mit der nötigen Umsicht und mit klarem Verstand für die Risiken – daran gehen, zu überlegen, wie man sie allenfalls überschreiten könnte.[13]

Die sich auf diese Kunst verstehen, sind Lebensgestalter oder Lebensunternehmer, aber keine Lebensverwalter. Dennoch suchen sie die Gefahr nicht bewusst[14] wie die Selbstzerstörer. Wichtig waren mir vor allem jene Menschen, die im Gegensatz zu den »Lauen« – die immer nur halb sind, nie ganz kalt und nie ganz heiß, nie ganz beweglich und nie ganz unbeweglich, nie ganz glücklich und nie ganz traurig, nie ganz laut und nie ganz leise – »ganz« sind. Hatte nicht schon Jesus Gefallen an einem deutlichen »Nein«, das er einem »Vielleicht« vorzog? So kritisierte er, dass die Gemeinde weder heiß noch kalt sei. Und er wünschte sich: »Ach, wenn ihr wenigstens eins von beiden wäret. Aber ihr seid weder das eine noch das andere.« Seine Konsequenz: »... denn wenn ihr lau seid, werde ich euch aus meinem Munde spucken.« Bei ihm gibt es nichts Halbes und keine Kompromisse. Er ist hundertprozentig. »Gib mir Tränen, gib mir Mut, / und von allem mehr. / Mach mich böse, mach mich gut, / nur nie ungefähr«, heißt es auch in einem Text des Liedermachers Konstantin Wecker.

Die »Ganzen« handeln frei, weil sie etwas wagen und konsequent sind in dem, was sie tun. Auch wenn sich niemand seine Lebensumstände ausgesucht hat, so haben wir doch die Möglichkeit, selbst zu entscheiden, wie wir damit umgehen und »Ja« zu sagen zu diesem Tag. Auch wenn es keine absolute Freiheit gibt – in der relativen Freiheit kann jeder über sich selbst entscheiden.[15] Diese Haltung lässt sich mit einem Segelboot vergleichen: Das Boot lässt sich zwar lenken, und es können der Kurs sowie die Tauglichkeit der Segel bestimmt werden, doch hat niemand Einfluss darauf, aus welcher Richtung der Wind kommt. Wir haben die Wahl, uns als Opfer der Welt zu sehen oder die eigenen Möglichkeitsräume auszuloten. Es steht jedem frei zu handeln und die Welt zu verändern. Der österreichische Chocolatier Josef Zotter, der dieses Buch durch eigene »Zutaten« bereichert hat, vergleicht die Kakaobohne mit einem Menschen, dessen Anlagen und grundlegendste Charakterzüge von Beginn an festgelegt sind: »Es kommt nur darauf an, was man aus diesem Potenzial macht.«[16] Wer das begreift, hat seine Bestimmung bereits gefunden und sich entschieden – für das Leben. Wer es liebt, ringt ihm alles ab und hat die Kraft, immer wieder von vorn anzufangen. Dazu aber muss er innerlich bereit sein.

Alles steht in diesem Buch in unmittelbarer Verbindung wie auf einer Landkarte mit Haupt- und Nebenstraßen, Autobahnkreuzen und Sackgassen. Es wird gezeigt, wie die hier Porträtierten zu ihrem Lebensweg gelangt sind und Situationen genutzt haben. Andreas H. Gratze, der Gestalter der Zotter-Schokolade, hat etwas Entscheidendes gesagt, das auch für die »Mach-Art« dieses Buches gilt:

»Mein Leben ist ein Sammeln und Zusammensetzen von Situationen und Momenten, die ich in Bildern oder Bühnenbildern verarbeite. Es gibt nichts, das einfach so dasteht. Alles hat eine Beziehung, wobei wir manchmal auch von Gründen sprechen. Jedes Teil, jeder Moment oder jede Situation hat sich aus einer anderen heraus entwickelt. Jedes dieser Puzzelstücke ist zu etwas nutze oder eine Reaktion auf etwas. Und ich bin mittendrin.«

Das Wort »Ich« ist auch für Unternehmensprojekte wie dieses wichtig, weil es Gefühle und Bilder enthält, konkrete Probleme, von denen sich das Thema befruchten lässt. »Andererseits«, sagt Konstantin Wecker, »ist von sich reden nicht das einzige Thema, worüber zu reden man ein Recht hat?« Es gilt, die Balance zu finden zwischen »dem nüchternen Sezieren des Egos und dem notwendigen sich Einmischen in die Belange der Welt.«[17]

Essen, im Frühjahr 2008

1

Sich auf eine andere Realität einlassen

Das Abenteuer beginnt jenseits der Business Class

Von Anja Ruf

In meinem Leben habe ich viele Grenzen überschritten – Länder- und Kontinentgrenzen, soziale Grenzen, kulturelle Grenzen, Grenzen zwischen Disziplinen, aber auch Grenzen, die Menschen voneinander trennen, zum Beispiel in Freundschaften oder Liebesbeziehungen. Bei Recherchen im Rahmen meiner journalistischen Arbeit überschreite ich immer wieder die Grenze zu neuen Themen. Doch ich fände es schlimm, wenn das Leben in jedem Moment eine Grenzüberschreitung wäre. Das hat grundlegend damit zu tun, dass aus meiner Sicht zum Leben Phasen der Ruhe und des Verharrens genauso gehören wie Phasen der Bewegung. Zum anderen ist mein Blick auf Grenzüberschreitung ein eher kritischer, hinterfragender.

Im allgemeinen Diskurs ist der Grenzüberschreiter ein faszinierender Zeitgenosse: vielseitig, weltoffen, unerschrocken, Improvisator, Impulsgeber, Multitalent, Pionier, kreativer Neuerer, ein Mensch, der in kein vorgegebenes Schema passt. Natürlich lässt sich viel von Grenzüberschreitern lernen, auch wenn die meisten Leute wohl eher dazu neigen, ihnen den Vortritt zu lassen und lieber bedächtig zu folgen, als selbst risikofreudig improvisierend den Sprung ins Unbekannte zu wagen. Doch ich meine, dass auch bedächtiges Abwägen eine wertvolle und nützliche Eigenschaft sein kann.

In unserem Sprachgebrauch ist der Grenzüberschreiter mit all den ihm zugeschriebenen besonderen Qualitäten ja eigentlich immer ein Westeuropäer. Das Gegenbild zu ihm, das gelegentlich auftaucht, ist der »illegale Grenzüberschreiter«, ein illegal Eingereister, worin mitschwingt: krimineller Ausländer. In den Augen seiner Herkunftsgesellschaft ist dieser kriminelle Ausländer allerdings ein Held, der es geschafft hat, mit viel Mut seinen Weg hierher zu machen. Ich versuche also, Grenzüberschreiter und Grenzüberschreitung vor einem größeren Hintergrund zu betrachten.

Ich nähere mich dem Begriff von der unmittelbarsten Wortbedeutung her – dem Passieren von Ländergrenzen beim Reisen. Das Reisen führt jedoch nicht zwangsläufig aus der Komfortzone heraus. Der Tourist zum Beispiel, der eine All-Inclusive-Reise gebucht hat, bewegt sich zwischen zwei Komfortzonen. Und auch das Reisen selbst kann in einer Komfortzone stattfinden (oder weit jenseits davon, in Zonen von Bedrohung und Gefahr).

Für manche vollziehen Grenzübertritte sich luxuriös in der Business Class oder vielleicht sogar im Privatjet. Für andere sind es unangenehme und entwürdigende Erfahrungen – man muss beispielsweise vorher ein Visum beantragen, bei Botschaften stundenlang anstehen, möglicherweise sein Gepäck durchwühlen lassen, man kann zurückgewiesen, festgehalten, verhört, abgeschoben werden. Manche verlieren bei Grenzüberquerungsversuchen sogar ihr Leben. Nur ein geringer Teil der Weltbevölkerung reist in der Business Class. Wie sicher und komfortabel ein Grenzübertritt ist, hängt von Faktoren wie Hautfarbe, Herkunftsland und Einkommensklasse ab.

Viele Menschen bewegen sich von einer Zone ohne Komfort in die andere. Sie überschreiten Ländergrenzen deswegen, weil sie etwas suchen und brauchen, sei es ein besseres Leben, sei es Schutz vor Verfolgung, Zuflucht vor einem Bürgerkrieg. Doch sie bekommen oft nicht, was sie suchen. John zum Beispiel, ein Grenzüberschreiter aus Kenia, den ich in einer Unterkunft für Asylbewerber im ländlichen Hessen getroffen habe: Auch wenn er triftige Gründe hatte, nach Deutschland zu kommen, hatte er sich doch vorher vorgestellt, dass das auch irgendwie »fun« sein müsse. Tatsächlich saß er dann zusammen mit anderen Asylbewerbern in dieser Unterkunft, isoliert von der Dorfbevölkerung, ohne Arbeit, ohne Unterhaltungs- oder Freizeitangebote, ohne Geld, ohne Möglichkeit, an andere Orte zu gelangen. Selbst für eine einfache Fahrt mit der S-Bahn reichte das schmale Taschengeld nicht. Zwar war hier nicht seine Freiheit durch politische Verfolgung bedroht, dafür hatte er sie auf andere Weise verloren. Und statt der Komfortzone, von der er geträumt hatte, lebte er nun in einem winzigen Mehrbettzimmer mit nicht funktionierender Heizung.

Grenzüberschreitungen können andererseits auch sehr schöne Erfahrungen sein, etwa wenn Menschen mit deutschem Pass oder gesichertem Aufenthaltsstatus relativ frei von Restriktionen reisen: Man steigt an einem grauen, regnerischen Tag ins Flugzeug und landet in einem anderen Teil der Welt, in dem die Sonne strahlend scheint und unbekannte Farben, Formen, Geräusche, Gerüche auf einen warten. Oder bei Migranten die lange vermissten Geräusche und Gerüche des Herkunftslandes. Doch auch in diesem Fall interessiert und motiviert einen das Ziel, der Aufenthalt am Zielort, das, was es dort zu sehen, zu erleben gibt. Die Grenzüberschreitung als solche ist eher eine Begleiterscheinung. Man kann zum Beispiel im Flieger die Wüste Sahara überqueren, auf dem Weg nach Westafrika, und das einfach verschlafen. Die meisten Passagiere tun das.

Doch natürlich kann es bereichernd und beglückend sein, die große Vielfalt in der Welt, über die eigene Enge hinaus, kennen zu lernen, im wörtlichen und übertragenen Sinne. Grenzen bewusst zu überschreiten kann auch heißen: Sich mal anders zu verhalten als erwartet oder erzogen, sich auf eine andere Realität einzulassen.

Annett

Bourquin

Annett Bourquin

Annett Bourquin, geb. 1963 in Hamburg. Sie studierte Visuelle Kommunikation und verbrachte zunächst einige Jahre als Artdirektorin in Werbeagenturen für internationale Kunden. Danach machte sie sich als Freelancer selbstständig und arbeitete überwiegend mit Fotografen. Reisen führten sie erst häufig nach New York, später auch in die West Indies oder nach Hongkong.

Nach dem Abitur ihres Sohnes lebte sie in Japan, wo sie begann, selbst zu fotografieren. Seit 2002 wohnt sie in Berlin, arbeitet als Dokumentarfotografin u. a. für das Wirtschaftsmagazin »brand eins«, verbringt aber auch viel Zeit mit Fotoprojekten im südlichen Afrika. Momentan plant sie den Aufbau einer Akademie für Fotografie in Mosambik.

Weiterführende Informationen:
www.annettbourquin.com

Es lohnt sich, konsequent zu sein

Gedanken einer Nomadin im Geiste wie in der Welt

Ein Gespräch mit Annett Bourquin

I N T E R V I E W

Was macht Sie zur Grenzüberschreiterin?

Mein Leben folgt nicht vorgegebenen Strukturen wie bei einem Baum, der an seinem Standpunkt tief verwurzelt ist und nach einem bestimmten Muster in die Höhe wächst, bis er seine Größe erreicht hat. Es verläuft vielmehr rhizomatisch, in einem Geflecht von Wurzeln und Knollen, die sich ausbreiten, Fühler in alle Richtungen ausstrecken und an geeigneten Stellen neue Triebe entwickeln, die untereinander verbunden sind. Es ist eine Bewegung, ein Wachsen von innen nach außen, Entdecken, Fragen stellen. Wenn eine Wurzel nicht weiterkommt oder gekappt wird, bilden sich seitlich neue Triebe – das Leben ändert seine Richtung, aber es geht weiter.

Etwas irritiert mich am Ausdruck Grenzen überschreiten oder übertreten. Er klingt mir zu sehr nach Tour de Force, nach einer klaren Demarkationslinie, über die man sich heldenhaft hinwegsetzt.

Die meisten Grenzen finden in Köpfen statt, auch im eigenen. Sie sind oft fließend, und man muss sie eher ertasten oder erfühlen, verschieben, erweitern, überwuchern, untergraben. Manchmal bewegt man sich über sie hinaus, ohne es zu bemerken, und stellt erst später fest, dass man sich bereits auf neuem Terrain befindet.

Gab es einen Grenzübertritt in Ihrem Leben, auf den Sie besonders stolz gewesen sind?

Über Stolz habe ich dabei nie nachgedacht. Meine Motivation war nicht, etwas Außergewöhnliches zu tun, sondern mein Leben autonom zu gestalten. Es gab aber einige, manchmal nur kleine Grenzerweiterungen, die Katalysatoren waren für weitere. Das Ausbrechen aus der Familie, die Entscheidung, jung Mutter zu werden und meinen Sohn alleine aufzuziehen, meine erste Reise alleine, alles, was ich über Fotografie wusste, zu vergessen und Fotografin zu werden.

Weshalb ist es im Leben wichtig, über den Horizont hinaus zu denken und sich in unerschlossenes Territorium vorzuwagen?

Man ist umgeben von einer Vielfalt von Grenzen. Viele davon machen Sinn und legen Normen fest, die das Zusammenleben unterschiedlichster Menschen strukturieren. Aber es gibt zahllose Grenzen, die aus Unwissenheit, Angst oder Arroganz gezogen werden. Man kann sich in diesen Schablonen bequem einrichten, tun, was von einem erwartet wird, sich langweilen, unzufrieden sein oder sich sogar als deren Opfer fühlen. Wenn man jedoch versucht, Umstände, die einem nicht gut tun, für sich zu verändern, fängt man an, diese Grenzen zu überschreiten und hinter sich zu lassen. Man gewinnt an Selbstvertrauen, geht mit immer größeren Schritten in die Welt, entdeckt neue Möglichkeiten. Es bedeutet Arbeit, sich eigene Wege zu ebnen, und manchmal stellt man fest, dass man in einer Richtung nicht weiter kommt oder gegen eine Wand gelaufen ist. Aber ein Ende ist auch immer ein Anfang, eine Chance zu lernen, neue Seiten an sich und anderen zu entdecken.

Woran erkennen Sie den roten Faden, der sich durch Ihr Leben zieht? Wiederholen sich Lebensthemen?

In meinem Leben hat es schon einige Brüche, Umschwünge und Neustarts gegeben. Meistens waren das Veränderungen, die ich bewusst eingeleitet habe, weil ich mich weiterentwickelt hatte, die Umstände aber die gleichen geblieben waren, und so Diskrepanzen entstanden, die unüberbrückbar wurden. Oder als Reaktion auf Türen, die sich unerwartet öffneten. Das er-

schien nicht nur anderen, sondern auch mir selbst manchmal chaotisch. Rückblickend kann ich in diesem Kurs jedoch ganz klar eine Konstante erkennen. Themen, die vor Jahren relevant waren, tauchen wieder aus der Versenkung auf und entwickeln neue, mitunter ganz überraschende, Synergien mit aktuellen Ideen und Erfahrungen.

Ist die Welt für Sie, die Sie so viel und so lange gereist sind, unglaublich groß oder unglaublich klein?

Wenn man die Erde von unterschiedlichen Seiten kennen lernt, wächst die Vielzahl der Perspektiven und

INTERVIEW

emotionalen Berührungspunkte. Orte, deren Straßen einem vertraut geworden sind. Eindrücke von Menschen, mit denen man gesprochen oder vielleicht nur Blicke getauscht hat. Kulturen, die sich in ihrer eigenen Zeit bewegen. Deren Werte nichts mit Vermögen zu tun haben. Menschen, die die unglaubliche Kraft haben, jeden Morgen wieder mit nichts anzufangen. Das Tempo, in dem man diese Eindrücke heute sammeln kann, ist atemberaubend. Vor kurzem reiste ich von Mosambik aus mit einem Zwischenstopp in Dubai nach Deutschland zurück. Innerhalb weniger Stunden erlebte ich fundamentale Armut, synthetischen Reichtum und bestaunte die endlosen, unzugänglichen Gebirge Irans aus dem Fenster eines Flugzeugs. Die engen Grenzen unserer eurozentrischen Perspektive treten sehr deutlich hervor und lösen sich auf, wenn sie mit anderen Realitäten konfrontiert werden.

Kennen Sie das Gefühl von Heimweh?

Ich bin Nomadin, da ist nichts zu machen. Als Kind lebte ich mit meiner Familie eine Zeit im Ausland, und als wir wieder nach Deutschland zogen, in eine mittelfränkische Kleinstadt, war ich wieder das Ausländerkind in der Schule. Ich fand das ganz normal. Ich hatte nie das Gefühl, an einem bestimmten Ort verwurzelt zu sein, und war darüber keineswegs unglücklich. Ich hätte meine Erlebnisse in England nicht gegen ein Wie-alle-anderen-Sein eintauschen mögen. Ich genieße es auch, irgendwo fremd zu sein, mit Libellenaugen unvertraute Muster und neue Zusammenhänge zu entdecken. Das reizt mich an anderen Kulturen – Zugang zu finden, sich allmählich sicherer zu bewegen, Menschen kennen zu lernen, zu erfahren, wie sie hinter den Fassaden der Häuser leben. Oft entstehen daraus Freundschaften. Dieses Netz von Freunden an den unterschiedlichsten Orten ist es auch, das mich trägt. Einige dieser Beziehungen sind sehr intensiv geworden, trotz oder vielleicht auch gerade wegen der manchmal großen räumlichen Distanz.

Was brauchen Sie, um sich in Ihrer Arbeit als Fotografin wohl zu fühlen?

Ich lese Orte mit der Kamera und suche Unerwartetes: Gesichter, Details, Bewegungen. Ich ertaste meinen Weg über soziale, kulturelle und physische Grenzen hinweg, versuche, gesellschaftliche Codes zu entziffern und sie in Bilder zu übersetzen. Beim Fotografieren bin ich glücklich, hochkonzentriert mit allen Sensoren und im Einklang mit mir und dem, was um mich herum geschieht. Wenn mir etwas zu nah und vertraut ist, fällt es mir viel schwerer, Fotos zu machen. Da schreibe ich lieber. Es gibt auch ein Notizbuch für Bilder, die ich nicht gemacht habe.

Was bedeutet es Ihnen, Dinge unter Kontrolle zu haben?

Ich habe die Erfahrung gemacht, dass zu viel Planung und Kontrolle vieles von vornherein ausgrenzen, was man als Störung, aber eben auch als Chance empfinden kann. Im Englischen gibt es das schöne Wort Serendipity, das die Fähigkeit beschreibt, zu finden, wonach man nicht gesucht hat. Das bedeutet keineswegs, dass man sich willenlos treiben lässt. Ich bestimme den Ausgangspunkt und die Richtung, in die ich gehen will, und beziehe das Unerwartete mit ein oder provoziere es sogar. Es ist eine Frage der Wahrnehmung und Reaktion. Allerdings musste ich auch einmal erfahren, wie es ist, wenn einem die Kontrolle über das eigene Leben völlig entzogen wird. Ich war vor einiger Zeit nach Japan gezogen, ein Land, das mich schon immer fasziniert hat, nicht nur wegen seiner Ästhetik, sondern auch weil man dort das »Und« lebt anstelle des westlichen »Entweder – Oder«. Schon fast ein Jahr lang hatte ich dort alles um mich herum aufgesogen, war dabei, die Sprache zu lernen, und hatte eine Reihe interessanter Kontakte geknüpft. Nach einem Besuch in Shanghai war damit schlagartig Schluss:

Mir wurde bei der Passkontrolle in Narita die Einreise verweigert, ohne jede Erklärung. Man hielt mich drei Tage am Flughafen fest und setzte mich dann in einen Flieger nach Deutschland. Das war traumatisch, dieses Gefühl von Ohnmacht und Ausgeliefert-Sein. Wenn man aus seinem Orbit torpediert wird, die Grenzen plötzlich sehr, sehr eng werden, und man über sein Leben nicht mehr selbst entscheiden kann.

Was war die schwerste Aufgabe bisher in Ihrem Leben?

Meine größte Aufgabe war wohl, meinen Sohn so aufzuziehen, dass er sich frei entfalten konnte, und ich dabei auch nicht auf der Strecke blieb. Die Rahmenbedingungen waren schwierig, denn dieses Lebensmodell war in der Arbeitswelt nicht vorgesehen und wurde in den Achtzigern auch gesellschaftlich noch viel stärker sanktioniert als heute.

Wir sind beide daran gewachsen, haben den Blick für das Wesentliche geschärft und uns unsere Autonomie nie nehmen lassen. Das gibt uns heute den Mut, unsere Ziele ohne Angst vor Barrieren zu verfolgen. In einer Gesellschaft, in der Ethik allgemein als Luxus betrachtet wird, ist es nicht leicht, seinen eigenen Ansprüchen gerecht zu werden und dem äußeren Druck standzuhalten. Aber ich bin mir sicher, dass es sich lohnt, konsequent zu sein, und treffe auf immer mehr Gleichgesinnte.

INTERVIEW

Haben Sie erlebt, dass sich Ihnen das entzieht, was Sie krampfhaft behalten möchten?

Nach meinem Desaster mit der japanischen Immigrationsbehörde und dem harten Aufschlag in Deutschland hatte ich die Hoffnung, dass sich mit einigen Telefonaten und Formularen alles wieder in Ordnung bringen ließe und ich in ein paar Wochen wieder mit meinem Leben in Tokio fortfahren könnte. Mein ganzes Denken war weiter nach Osten ausgerichtet. Ich konnte mich selbst wie in einem Film dabei beobachten, wie ich meine Straße in Setagaya entlang ging, an der Tatami-Manufaktur vorbei, an der alten Frau, die immer vor dem kleinen Tempel saß und mir zuwinkte, am Laden, in dem ich morgens meine Milch holte. Ich wollte einfach nur zurück.

Ich wusste überhaupt nicht, was ich in Deutschland mit mir anfangen sollte, und reiste monatelang verzweifelt von einem Sofa zum nächsten. Mit meinen diplomatischen Bemühungen kam ich nicht weiter. Ich fühlte mich täglich mut- und kraftloser, das Bild von mir in Japan verschwamm und löste sich allmählich ganz auf. Mein altes Leben hatte aufgehört zu sein, und ein neues hatte noch nicht begonnen. Ich war leer.

Irgendwann wurde mir klar, dass ich loslassen musste. Dass es mich zerstören würde, wenn ich länger daran festhielte, nach Tokio zurückkehren zu wollen. Diese Erkenntnis war sehr schmerzhaft, aber befreiend. Ich brauchte noch eine ganze Zeit, bis ich mich wieder neu erfunden hatte, doch allmählich wurde der Boden unter meinen Füßen fester und neue, ungeahnte Perspektiven taten sich auf. Mittlerweile bin ich sehr froh über das, was ich seitdem erleben durfte. Wer weiß, ob ich sonst jemals nach Afrika gekommen wäre?

Das Wort zählt mehr als eine Unterschrift

In der Tourismusbranche werden jeden Tag Grenzen überschritten und neue Heimaten gefunden

Von Kirsten Wörnle

»Gegen den König können wir nichts machen.« Esther Zores schiebt sich die Sonnenbrille zurecht und läuft mit Stöckelschuhen über schmale Holzstege im Sand. Der Direktor eines 1.200-Gäste-Hotels eilt mit wehendem Jackett neben ihr her, rudert mit den Armen und zeigt auf das Ufer, wo Bagger wie tänzelnde Strandkrebse imposante haushohe Sandberge auftürmen. »Da unten soll die Promenade anfangen, dann führt sie hier bei uns entlang«, sagt er, läuft mit großen Schritten aufs Meer zu und beginnt, laut zu zählen: »Eins, zwei, drei …« Nach achtzehn Schritten hält er inne. Achtzehn Meter breit wird die Promenade vor seinem Hotel sein, ein Wunsch des Königs.

»M6« nennen sie ihn hier, es klingt nach amerikanischem Highway, ist aber das Kürzel für Mohammed VI., König von Marokko. Der Herrscher hat beschlossen, dass eine Promenade her muss, hier nach Agadir, der »Perle des Südens«, wie die Stadt etwas blumig genannt wird. Etwas nüchterner gesagt ist die einstige Hafenmetropole heute – nach dem verheerenden Erdbeben im Jahr 1960 – zu einem großen Badeort gewachsen, der neben Sonne und Meer den Komfort moderner Hotelanlagen bietet. »Ich hätte gedacht, dass sie die Promenade besser an die Landschaft anpassen«, sagt Esther Zores, und es klingt, als wolle sie den Direktor damit trösten. Der bangt um seinen Rasen, die grüne Pracht, in die Gäste ihre Sonnenschirme rammen, wenn am Strand kein Platz mehr ist. Doch Herrscherwunsch ist Herrscherwunsch, sie beide überlegen nun, wie sich der Sandstaub der Bagger vom Pool fernhalten ließe und wie alle ihre Gäste rechtzeitig über die Bauarbeiten zu informieren wären.

Und da sind sie sich mal wieder ganz nah: Sie, Französin, die Resident Managerin von Thomas Cook in Marokko mit rund 95.000 Gästen jährlich, und er, der Chef eines 470-Zimmer-Palastes in Agadir. Europäerin und Araber. Eine allein erziehende Mutter und ein verheirateter Familienvater. Wenn es um Urlaub geht, reden sie die gleiche Sprache, die Gesetze des Tourismus sind international: »Ein zufriedener Kunde bedeutet zehn neue Kunden«, sagt Noureddine Beyrakdar und Esther Zores nickt. »Ein unzufriedener Kunde sind hundert verlorene Kunden.«

Sie laufen vom Strand zurück, vorbei an Liegestühlen, auf denen sich jetzt im Dezember Europäer im milchigen Sonnenlicht wärmen.

CHEMINS
DU MA

»Franzosen wollen vor allem sehr gutes Essen«, sagt Esther Zores. »Das Zimmer muss nicht tipptopp sein, aber Pastis und Ricard braucht es schon als Aperitif.«

Animateure dürften die französischen Gäste auch auf der Liege ansprechen, ob sie Lust auf Volleyball oder Aerobic haben. »Der Deutsche möchte auf seiner Liege in Ruhe gelassen werden«, sagt die 38-Jährige, »sein Zimmer muss tipptopp sein, und alles soll seine Ordnung haben.« Deutsche, Belgier und Franzosen, Briten, Holländer und Polen – sie alle suchen hier, vier, fünf Flugstunden von ihrem Zuhause entfernt, vor allem Sonne und die Wonnen von Hotels mit orientalischem Flair, Riesenbuffets und Wellness-Salons.

Auf Ausflügen besichtigt man in dem islamischen Land die »biblische Wucht der marokkanischen Landschaft«, so heißt es im Prospekt, besucht Märkte oder tanzt am Berberabend ums Feuer und isst einen Topf Tajine, geschmortes Fleisch mit Gemüse. Polen fragen den Reiseleitern dabei Löcher in den Bauch. Deutsche wollen alles strikt nach Programm. Franzosen sind flexibel und nehmen auch mal Couscous statt Tajine.

Zehn Millionen Touristen will Marokko bis 2010 jährlich ins Land ziehen, so steht es im »Plan Azur«. Noch sind es gut fünf Millionen. Touristiker zählen die Betten: 26.000 sind es in Agadir, derzeit entstehen 5.000 neue. Marrakesch zählt 27.000 Betten, 5.000 neue sind geplant.

Ein kurzes Zwiegespräch mit ihrem Sohn Noah, dann trifft Esther Zores den nächsten Hotelier.

Esther Zores betreut als Landesmanagerin von Thomas Cook 25 Hotels in Agadir und 25 Hotels sowie 20 Riads, schmucke Stadthäuschen mit Innenhof, in Marrakesch. »Fuat, iss noch eine Schokolade, ich bin gleich da!«, ruft die schlanke Französin ins Handy und tritt aufs Gaspedal. Fünf Minuten später eilt sie die Stufen zum Thomas-Cook-Büro in Agadir hinauf. Zwei Franzosen stehen an der Rezeption und beschweren sich, weil die Cola gestern im Whiskey-Glas serviert wurde – und das in einem Vier-Sterne-Hotel, mon Dieu! Esther Zores schiebt sich an ihnen vorbei in ihr Arbeitszimmer, wo schon Hoteldirektor Fouad Berrada wartet.

Stippvisite in Riad: Stadthäuschen mit Innenhof.

Der Mokka dampft schwarz in kleinen Tässchen, die Schokolade schmilzt am Porzellan.

Der Hotelbesitzer strahlt: Um fast 240 Prozent sind seine Buchungen nach oben geschnellt, seit er auf All-Inclusive umgestellt hat. Zores hatte ihm das sehr geraten. Jetzt, kurz vor Weihnachten, diskutiert die Thomas-Cook-Managerin mit ihm schon über die Last-Minute-Angebote für Ostern. Im kommenden Monat hat er noch ein Buchungsloch: »Lass mich den Preis noch mal gut drücken«, sagt sie, »wir machen dann ein Super-Angebot daraus für den belgischen Markt. Das wird am Telefon in der Warteschleife angesagt.« Täglich sichtet sie die Auslastung der Thomas-Cook-Flieger und die Belegung der Hotels.

Wenn es zwei, drei Wochen vor dem Termin noch viele freie Plätze in den Flugzeugen gibt, schaut sie, welche Hotels noch Kapazitäten haben, und hakt wieder nach, ob sie mit dem Preis runtergehen würden. Dann wird gefeilscht und gehandelt.

»Die Südmarokkaner sind sehr empfindlich und gleichzeitig direkt«, sagt Hotelchef Fouad Berrada. Das Wort zähle mehr als eine Unterschrift. »Wer verhandeln will, muss direkt sein, ohne reinzuplumpsen«, hat Esther Zores beobachtet. Man plaudert erst einmal: »Kennst Du das Restaurant schon?« »Wie geht's Deiner Frau?« Das Telefon klingelt. Es ist Noah, ihr Sohn. Esther Zores stößt einen Freudenschrei aus. »Was, Du hast einen Zahn verloren? Denk an die Zahnmaus, dann bringt sie Dir vielleicht etwas!« Wo bei Deutschen die Zahnfee unterwegs ist, ist es bei Franzosen die Maus. Noah ist sieben und schon ein Globetrotter. Französisch spricht er und Deutsch, die Sprache seines Vaters. Arabisch kann er und noch ein paar Brocken Spanisch und Italienisch. Das Kinderzimmer hat er sich »Bleu-blanc-rouge« streichen lassen, Blau-Weiß-Rot – die französischen Nationalfarben.

Etwa alle vier bis sechs Jahre werden die Mitarbeiter von Thomas Cook in ein anderes Land versetzt. Noah zieht mit seiner Mutter mit. Die startete vor 16 Jahren als Reiseleiterin in Tunesien, kam über die Malediven nach Costa Rica und dann nach Palma. Sie lebte in Ägypten und Tunesien, auf Teneriffa und in Fuerteventura. Sie zog nach Italien und im Winter nach Djerba und Alicante. Heimat – das sind in diesem Fall ihr Elternhaus im Elsass und ihre liebevoll ausgesuchten Möbel, die sie in jedes neue Land mitnimmt.

Es ist früh am Morgen, Esther Zores schlängelt sich mit ihrem Wagen das Gebirge hoch, sie will nach Marrakesch. Dromedare knabbern an Aganenbäumen. Auf dem Atlasgebirge liegt Schnee, sie freut sich darüber wie ein Kind. Immer wieder blinken Autos auf der schmalen Piste nach links, obwohl sie rechts einbiegen wollen. Lkw-Fahrer riskieren Überholmanöver, bei denen ihr nur ein kräftiger Tritt auf die Bremse bleibt. »Ich ärgere mich hier über diese Schusseligkeit«, sagt sie, »dennoch sind mir die Marokkaner ans Herz gewachsen.« Zores liebt die Herzlichkeit der Menschen. Dass der Händler auf dem Markt eine Peperoni nicht abrechnet, obwohl er selbst nicht viel besitzt. Dass der Wirt in der Kneipe ihr einfach sein Feuerzeug schenkt. Dass ein Hotelier seinen Handwerker zu ihr schickte, als es in ihrer ersten Nacht im Land kein Heißwasser im Haus gab.

Sie kommt auch gut klar mit den Umgangsformen: Küsschen zur Begrüßung, kumpelhafte Berührungen im Gespräch, Kindern wird freundschaftlich in die Backe gekniffen. Noah kennt das schon und streckt jetzt, wo er älter wird, demonstrativ seine Hand aus. Dreieinhalb Stunden dauert die Fahrt durch die Berge, dann schiebt sich ihr Wagen durch Marrakesch.

Etwas außerhalb der Stadt wird ein neuer Ferienpalast eröffnet. In der Lobby steht ein mannshohes Porträt von Mohammed VI., Weihrauchschwaden schweben zur Decke. Die Thomas-Cook-Einkäuferin aus Belgien ist da, der neue Hoteldirektor umschwirrt sie, stellt sie dem Tourismusminister vor.

Esther Zores hält sich zurück, es ist noch nicht ihre Stunde. Bald wird der Betrieb in dieser Ferienburg mit riesigen Speise- und Showsälen losgehen, und sie wird wieder schauen, ob der Pool die richtige Temperatur hat, die Zimmer gut eingerichtet sind und genug Gäste kommen. Sie wird mit dem Direktor Last-Minute-

Preise verhandeln und ihn bitten, kurzfristig ein Super-Super-Angebot zu machen. »Ich wache jeden Morgen auf und freue mich, arbeiten zu gehen«, sagt Esther Zores. Da gibt es Tage, an denen rufen Hoteliers an: »Ich habe mich vertan, ich bringe eure Gäste nicht unter. Ihr braucht bis morgen dreißig andere Zimmer.« Oder der König kommt mitten im August mit einem Gefolge von 300 Leuten, das in die Hotels zieht.

Vielleicht wird sie kurz schimpfen, und ihre Assistentin Malika wird leise die Türe zuziehen. Doch dann wird sie zum Telefonhörer greifen: »Es ist ein Instinkt«, erzählt sie, »ich weiß, wo ich anrufen muss.« – »Komm, Du hast noch ein paar Zimmer«, wird sie den Hoteliers sagen. – »Nein, das geht nicht.« – »Doch, das geht.« Bis zum Abend wird sie genug Hotelzimmer für alle Gäste gefunden haben. Und mit einem sattzufriedenen Gefühl in ihr Häuschen fahren: »Es ist wieder geschafft!«

Freie Gedanken hervorbringen

Kreativität beginnt mit dem Erkennen des kulturellen Vielfaltskapitals

Von Matthias Schock

Kreativität ermöglicht in Form der Innovation wirtschaftliche Entwicklung und dadurch produktives Wachstum. Wirtschaftlicher Erfolg ist demnach bedingt durch Entwicklung, welche wiederum durch Kreativität vermittelt wird. In dieser Kette ist Kreativität der unbedingte Faktor. Somit liegt eine faszinierende Spannung im Verhältnis von Wirtschaft und Kreativität.

Denn: Wirtschaft muss zu ihrem Selbsterhalt stets dynamisch bleiben. Um diese Dynamik allerdings zu erreichen, ist sie letztlich auf die menschliche Kreativität angewiesen, die sie im Grunde nicht oder nur marginal beeinflussen kann. Um überhaupt eine Ideenkontinuität zu gewährleisten, ist ein angemessenes Innovationsklima zur Förderung und Verwertung des Kreativitätspotentials unerlässlich. Dabei muss zum einen technisch gewährleistet sein, Innovationen systematisch umsetzen zu können. Und zum anderen muss es überhaupt kulturell erwünscht sein, den freien kreativen Gedanken hervorzubringen, um beispielsweise ein radikal neues, erfolgreiches Produkt zu entwerfen.

Ein Unternehmen müsse seine Werte signifikant leben, lautet das Credo unzähliger, aktueller Untersuchungen. Unternehmen, die kulturelle Vielfaltbestände ihrer Belegschaft analysieren, erkennen ihre eigenen Kreativitätspotenziale eindeutiger. In Zeiten einer verdichteten Wettbewerbsdynamik scheint dies der richtige Weg zu sein, um sich kontinuierlich innovationsfreudig und Trend setzend zu positionieren. Sowohl der unternehmensspezifische Erfolg als auch der gesamtwirtschaftliche Vorteil wären enorm.

Let's think different!

Bruno

Bruno Baumann

Bruno Baumann, geb. 1955, lebt als Schriftsteller und Filmemacher in München. 1989 durchquerte er weitgehend zu Fuß die Takla Makan, die größte zusammenhängende Sandwüste der Erde. Er gilt gegenwärtig als einer der besten Kenner Tibets und des Himalaya-Raumes. Über zwanzig Reisen unternahm er allein zum heiligen Berg Kailash und in seine Umgebung. 1997 gelang ihm die Überquerung des Transhimalaya von Süden nach Norden.

Zu seinen schwierigsten Unternehmungen gehört die Expedition in das »geheime Herz der Sahara«, dem Tibesti Gebirge. 2003 durchquerte Baumann das sandige Herzstück der Wüste Gobi als erster Mensch im Alleingang. Im Zuge seines neuen Projektes »Auf der Suche nach Shangri-La« gelang ihm im Mai 2004 die Erstbefahrung des Sutley-Canyons in Tibet mit Wildwasser-Schlauchbooten und die Entdeckung der versunkenen Kultur des Königreichs Shang Shung.

Weiterführende Informationen:
www.bruno-baumann.de

Die eigenen Möglichkeiten ausschöpfen

Was Manager von den Extremen der Wüste lernen können

Ein Gespräch mit Bruno Baumann

Als Forschungsreisender, der entlegene Regionen der Erde aufsuchte, haben Sie gelernt, Grenzen zu überwinden. Was können Führungskräfte davon lernen?

Es war vor allem die Wüste und insbesondere der Alleingang in der Gobi, der eine Grenzerfahrung bedeutete, also eine Erfahrung, die mich weit aus der Komfortzone in die Zone der Herausforderung, ja sogar in die Zone existentieller Bedrohung führte. Daraufhin kamen Top-Manager auf mich zu, um von meinen Erfahrungen zu profitieren. Bis dahin hatte ich mir keine Gedanken gemacht, ob und inwieweit es zwischen meiner Erfahrungswelt und den Herausforderungen eines Managers in einer globalisierten Welt Transfers gibt. Dieser Input erst führte dazu, dass ich mich mit dem Thema befasste. Dabei stellte ich fest, dass es weitgehend dieselben Qualitäten sind, die ein Manager benötigt, um unternehmerischen Erfolg zu haben und die ich brauchte, um einen Grenzgang zu verwirklichen.

In der Wüste steht nirgendwo geschrieben, wo es lang geht, oder wo man Wasser findet, und deshalb gilt es, den Code der Wüste zu lesen und schwache Signale zu erkennen. Zu den Top-Qualitäten eines Managers gehört es ebenso, schwache Marktsignale frühzeitig zu erkennen und sie richtig zu interpretieren. Danach kommt es auf die Schnelligkeit der Reaktion, die Kreativität des Vorgehens, die Kraft der Durchsetzung an – alles Qualitäten, die auch für mich als Wüstengänger von entscheidender Bedeutung sind.

Auch Unternehmen sind gezwungen, in dieser sich so rasant verändernden globalisierten (Wirtschafts-) Welt in der Herausforderungszone zu agieren, denn nur dort findet Innovation statt. Ein gemütliches Zuhause in der Komfortzone, in der bequem einer Routine gefolgt wird, quasi »business as usual«, ist keine Erfolgsstrategie. Mittelmäßige Unternehmen orientieren sich an Maßstäben anderer, gute Unternehmen setzen Maßstäbe. Grenzen überwinden ist ein Schlüssel zum Erfolg, denn wer glaubt, etwas sei nicht möglich, wird bald von denen überholt, die es einfach tun. Vor dem Hintergrund, dass in der modernen Wirtschaft Produkte und Dienstleistungen so komplex geworden sind, dass es nicht so sehr auf die Qualifikation Einzelner, sondern auf die Qualität der Zusammenarbeit ankommt, habe ich mehrfach Managertrainings im Outdoor-Bereich, einmal sogar in der Wüste Gobi,

durchgeführt. In diesen Outdoor-Seminaren, die mit Kontrollverlust verbunden sind, vollziehen sich Teamentwicklungsprozesse viel schneller als in der normalen Berufssituation, denn da gibt es keine hierarchischen Strukturen oder Scheinkompetenzen, hinter denen man sich verschanzen kann. Ultimatives Ziel eines solchen Prozesses ist es, in den Teams ein Level an Zusammenarbeit zu erreichen, das mehr ist als bloß Kooperation und schon gar nicht Scheinkooperation, sondern etwas, das man mit dem Begriff »Synergie« umschreiben kann.

Welche Eigenschaften muss ein Mensch haben, damit Sie ihm folgen?

Leadership ist kein »Erbhof«, den jemand innehat, sondern gründet auf Kompetenz. Eine andere Eigenschaft, die ich bei jemandem hoch achte, ist Weisheit, theoretisch angeeignetes Wissen hingegen halte ich für ein sehr begrenztes Werkzeug, und es rangiert in meiner Werteskala unter »ferner liefen«.

Was ist das wichtigste Werkzeug für Sie als Grenzüberschreiter?

Zunächst möchte ich sagen, dass ich nur einmal eine Grenzüberschreitung verwirklicht habe, und zwar bei meinem Alleingang in der Wüste Gobi im Jahr 2003; dabei war ich auf mich allein gestellt. Ich hatte mich vorsätzlich in eine Situation begeben, in der ich all mein Potenzial hervorbringen musste, um durchzukommen. Ich war körperlich am Limit, ich war intellektuell gefordert, denn ich musste jeden Schritt vorausplanen wie ein Schachspieler, ich musste meine Ängste transformieren, also das Gefühl der Einsamkeit in ein »All-Eins-Sein« umwandeln. Ich war gezwungen, die totale Selbstverantwortung zu leben und alle Antworten auf Fragen und Probleme, mit denen ich konfrontiert war, bei mir selber zu suchen.

Diesem ultimativen Trip ging ein 15-jähriger Erfahrungsweg voraus, auf dem ich mich langsam an diese Grenze heran tastete und sie schließlich überschritt.

Ein erster Solo-Versuch 1996 scheiterte, und ich kam beinahe um. Doch im Nachhinein betrachtet war dieses Scheitern der wichtigste Erfahrungsschritt. Die wichtigsten Werkzeuge waren die Erfahrungen als Gegengewicht zum kalkulierten Risiko, die es ermöglichten, einen Schritt über die Grenze vorzustoßen und natürlich auch eine Optimierung und Nutzung der vorhandenen Ressourcen. Ferner die Fähigkeit, Einsamkeit als Kraftquelle zu nutzen und vor allem die Begeisterung als treibende Kraft im Rücken zu haben, allerdings kein blinder Enthusiasmus, sondern stets im Wissen um die eigenen Möglichkeiten.

Was treibt Sie an? Eine »lustvolle Kraftprobe«?

Ursprünglich war es eine naive Neugier, die mich antrieb, die Komfortzone zu verlassen, vielleicht auch eine romantisch-verklärte Sehnsucht nach dem Unbekannten, nach dem, was jenseits der Grenze des Bekannten lag. Das war zunächst durchaus räumlich geographisch motiviert, also der Drang, aus einer scheinbar begrenzten Welt, in der ich aufwuchs, auszubrechen. Doch später ging es mir mehr und mehr um intensive Seins-Erfahrungen, die mir nur jenseits unserer abgesicherten und objektivierten Daseinswelt möglich schienen. Natürlich gab es auch sportlichen Ehrgeiz dabei, denn zum Mensch-Sein zählt auch der Körper. Und deshalb ist eine Grenzerfahrung für mich nur eine vollkommene, wenn Körper, Geist und Seele involviert sind.

Sie sagten einmal, dass die Wüste dem Menschen zwar physisch die engsten Grenzen setzt, ihm aber die größten Erfahrungsmöglichkeiten eröffnet. Was haben Sie dort erfahren, und weshalb sind ihre Erlebnisse auch für Führungskräfte von Interesse?

Es ist ja kein Zufall, dass Propheten in die Wüste gegangen sind, denn dort konnten sie sich selbst erfahren und dadurch auch Weisheiten und kosmische Gesetzmäßigkeiten erkennen, die sich gleichsam auf sandigem Grund abzeichneten. Die inspirative Kraft der Wüste nutzten Philosophen, Visionäre und Poeten. Es ist die Qualität der Stille, die es so in keiner anderen Umgebung gibt, die die Erfahrung der Wüste ausmacht. Von einer solchen Umgebung geht eine Kraft aus, die den Menschen unweigerlich zur Innenschau zwingt, ihn nötigt, in das eigene »Portfolio« zu blicken.

Im Leben und in der Wirtschaft ist es nicht viel anders. Wir müssen lernen, Veränderung als Chance zu begreifen und zu nutzen. Wer nicht mehr bereit ist, sich zu bewegen, weiter zu lernen, offen ist für neue Erfahrungen, hat schlechte Karten.

Die Wüste hat mich gelehrt, indem sie mich zwang, meine eigenen Möglichkeiten auszuschöpfen, ein hohes Maß an Selbstverantwortungskompetenz zu entwickeln, Sicherheit bei mir selber zu suchen und zu finden. Und indem ich vor Situationen stand, in denen mir der Kopf nichts mehr genutzt hat, das von Kindesbeinen antrainierte intellektuelle Wissen versagte, auf das wir gewöhnlich so stolz sind, lernte ich die andere Wissensquelle zu erschließen. Durch die Überbetonung des logisch-rationalen Verstandeswissens ist sie uns abhanden gekommen wie ein nutzlos gewordenes Organ. Ich nenne sie das intuitive Wissen oder emotionale Intelligenz. Von diesen Erfahrungen können Führungskräfte lernen, ohne sich dabei einer existentiellen Bedrohung aussetzen zu müssen, wie ich es vorsätzlich tat.

Inwiefern ist der Aufstieg von Führungskräften auf den »Karriereberg« eine harte Prüfung? Ist ein Abstieg nicht immer gefährlicher?

Der Aufstieg auf den »Karriereberg« ist deshalb schwierig, weil er einen Kraftakt erfordert. Durchsetzungsvermögen nebst vielen anderen Qualitäten ist nötig, um im harten Wettbewerb zu bestehen, denn es gibt ja genügend Konkurrenten, die ebenfalls auf diesen »Karriereberg« wollen. Der Abstieg scheint nur deshalb gefährlicher, weil dieser häufig zum »Absturz«

wird, nämlich dann, wenn alle Energien für den Aufstieg verwendet werden, wenn es keine Reserven mehr gibt, um den Abstieg zu meistern, oder gar wenn einer glaubt, dort oben in der dünnen Luft des »Karrieregipfels« für immer verweilen zu können.

Topmanager, sagt die Unternehmensberaterin Gertrud Höhler, sind »Alphatiere«. Was sie treibt, ist die Lust zu spielen, um zu gewinnen. Das Wesen erfolgreicher Manager umschreibt sie mit Begriffen wie »assoziative Intelligenz« und »energiegeladene Spontaneität«. Treffen diese Bezeichnungen auch auf Sie zu?

Ersteres erscheint mir zu simpel und nicht die alleinige treibende Kraft bei Managern zu sein. Topmanager sind Erfolgsmenschen, die den Erfolg suchen und brauchen. Dafür arbeiten sie hart und mit enormem – manchmal bis an die Grenze der Selbstzerstörung gehendem – Ehrgeiz. Den »Homo-ludens-Typ«, der nur einen Spieltrieb befriedigt, konnte ich in dieser Gruppe eher selten ausmachen. Was den Begriff »assoziative Intelligenz« betrifft, so sehe ich darin nur eine andere Bezeichnung für das, was ich »emotionale Intelligenz« nenne.

Der Umweg über die Wüste brachte mich mit dieser Wissensquelle wieder in Berührung. Ich lernte sie wahrzunehmen, ihr zu vertrauen und in mein Leben zu integrieren. »Energiegeladene Spontanität« steht für jene Qualitäten, die ich vorher schon nannte. Sie sind für meine Unternehmungen genauso wichtig wie für Topmanager, nämlich die Schnelligkeit der Reaktion und die Kraft der Durchsetzung.

Weshalb kennt Ihr Unterwegssein kein Ziel, sondern nur eine Richtung?

Dieser Satz aus einem meiner Bücher meint, dass die Fixierung auf ein Ziel manchmal blind macht, und man bewegt sich wie auf einer Leimroute festgeklebt und kann deshalb nicht erkennen, dass es auf dem Weg Kreuzungen gibt, also Optionen für Richtungsänderungen.

Man kann also eine andere Richtung einschlagen, einen anderen Weg nehmen, der einen womöglich schneller oder auf elegantere Weise zum Ziel bringt. Eine Vision zu haben, ist wichtig, denn damit beginnt alles, aber wenn daraus ein definiertes Ziel erwachsen ist, eine Strategie entworfen wurde und man sich in der Operation befindet, also in Richtung Ziel unterwegs ist, dann ist die Qualität des nächsten Schrittes wichtig und die Vision beziehungsweise das (noch entfernte) Ziel muss zurücktreten – ohne es natürlich aus den Augen zu verlieren.

Bettina

Knauer

Bettina Knauer

Dr. Bettina Knauer, geb. 1964, Studium der Germanistik, Philosophie, Buchwissenschaft, Theaterwissenschaften, Christlichen Archäologie und Kunstgeschichte in Würzburg und Erlangen.
Nach Promotion, wissenschaftlicher Assistenzzeit und Gastdozenturen im Ausland, PR- und Marketingreferentin in Hamburg und Hongkong.

Seit 2002 selbstständige Kulturmanagerin und Dramaturgin. Sie hat sich spezialisiert auf die Entwicklung, Planung und Umsetzung von Kulturprojekten im öffentlichen sowie privatwirtschaftlichen Sektor und auf die Beratung von Unternehmen im Bereich CCR. Lehraufträge an Universitäten und Hochschulen.

Weiterführende Informationen:
www.nysakultur.de

Lebensthemen treu bleiben

Von einer, die auszog, den Geist der Wissenschaft wieder mit Leben zu füllen

Ein Gespräch mit Bettina Knauer

Woran erkennen Sie den roten Faden, der sich durch Ihr Leben zieht? Wiederholen sich Lebensthemen?

Da man sich allzu leicht in einem selbstgesponnenen Bedeutungsgewebe verstricken kann, bin ich bei der Frage nach dem roten Faden etwas vorsichtig. Bestimmte Themen, Situationen, Begegnungen sind für mich von einer solchen Evidenz, dass ich weiß, das geht mich unmittelbar an, hieraus lebe, denke und arbeite ich, da bekomme ich meine Energie her, da kann ich leisten. Wenn ich es auf einen Begriff bringen soll, dann ist es ästhetische Erfahrung und Wahrnehmung, die ich als Grundlage »meiner Lebensthemen« bezeichnen würde. Sie ist natürlich an Literatur, Musik, Kunst, Theater und deren Vermittlung und Produktion gekoppelt, geht aber darüber hinaus. Ästhetisch wahrnehmen und diese Wahrnehmung sprachfähig machen und reflektieren, trifft schließlich alle Bereiche der Lebenswelt, ja die Medialisierung der Wirklichkeit insgesamt.

Gab es einen Grenzübertritt in Ihrem Leben, auf den Sie besonders stolz gewesen sind?

Ein solcher Grenzübertritt, besser, eine Entscheidung war schlichtweg notwendig. Ich war direkt vom Studium aus in den Wissenschaftsbetrieb der Universität gekommen. Das erschien zunächst als ein Glücksfall – mit Aussicht auf Pensionsanspruch. Ich war institutionalisiert und »alles war gut« – bis zur Krise, in der ich nämlich meine Begeisterung und Neugier verlor. Das geschah nicht auf einmal, sondern schleichend. Mein Habilitationsthema hatte ich auf Anraten, es möge doch etwas »Spezielleres« sein, geändert. Grenzüberschreitungen wie externe Kulturprojekte wurden nicht gern gesehen, der Schreibtisch war das ausschließliche Ziel. Selbst die Lehre, die ich mit Leidenschaft betrieb, sollte ein bestimmtes Stundenkontingent nicht überschreiten. Ich fühlte mich mehr und mehr unfrei und mein Fach Germanistik wurde mir aufgrund mangelnder Vernetzung mit dem, was Erfahrung heißt und die Welt »draußen« betrifft, fremd. Die Universität aber zu verlassen und nicht zu habilitieren, wäre, so Kollegen, die ich um Rat fragte, gleichbedeutend mit einem fundamentalen Scheitern. Ich glaube, dass es aber ge-

nau diese (Fremd-)Vorstellung des Scheiterns war, die letztlich meinen Entschluss herbeiführte. Weil nun etwas mobilisiert werden konnte, das sich dem Scheitern entgegenstellt: Mut, Visionen, Lust am Wagnis, Selbstverantwortung. Natürlich stellte sich das alles nicht ad hoc ein und schon gar nicht in einem euphorischen Rausch – die Angst vor dem Neuland war nicht gering. Letztlich aber war es eine große Befreiung. Ich habe »von vorn« angefangen und bin bei dem, was ich liebe, wieder angekommen und zugleich in die Welt hineingekommen. Heute wähle ich in meiner beruflichen Selbstständigkeit Themen, die eben nicht nur im Elfenbeinturm zu verhandeln sind, sondern die, weil sie von kultureller, gesellschaftlicher und ökonomischer Relevanz sind, vernetzt umgesetzt werden müssen.

Inwiefern hat Sie der Schritt ins »Freie« verändert, was haben Sie gewonnen?

Wie gesagt, hinsichtlich meiner Lebensthemen bin ich mir treu geblieben. Durch den Schritt ins »Freie« bin ich aber mit meinen Ressourcen viel kreativer, souveräner und zukünftiger umgegangen. Ja, dieser kreative und entwerfende Umgang ist der Gewinn.

Ist es aus Ihrer Sicht richtig, dass in den Geisteswissenschaften ohne einen ebenso mutigen wie resoluten, diplomatisch geschickten »Macher« nichts passiert?

Absolut. Gleichzeitig ist es schon verkehrte Welt, dass dies überhaupt angefragt werden muss, woran die geisteswissenschaftliche Zunft natürlich selbst ein wenig mit Schuld trägt (siehe dies selbst inszenierte Lamento über ihre Nutzlosigkeit, das in den Feuilletons im regelmäßigen Rhythmus wiederholt wird). Geisteswissenschaften – das ist keine Spielecke für weltfremde Grübler, sondern hier lernen wir unsere und andere Vorstellungen und Vorurteile zu überprüfen, lernen unsere Traditionen kennen, unsere Sprache(n) sprechen. Ziemlich viel Sitz im Leben also, mit dem es ein Geisteswissenschaftler zu tun hat. Die Geisteswissenschaften brauchen Macher, und es gibt sie zweifelsohne auch, die Türen öffnen, Grenzüberschreitungen wagen. Dabei ist es aber nicht allein mit blitzgescheiten Theorien von Inter- oder Transdisziplinarität getan. Mit Gemeinsinn, einer Hermeneutik, die nicht nur am Text klebt, konzeptioneller Offenheit für externe Kooperationen und etwas weniger Eitelkeit kommt man in der Praxis weiter.

Albert Camus sagte, dass er das, was er am sichersten über Moral und Verantwortung weiß, dem Sport verdankt. Wem oder was haben Sie Erkenntnisse darüber zu verdanken?

Das verdanke ich den Menschen, mit denen ich in Beziehung komme, und den Dingen und Projekten, mit denen ich mich beschäftige und umgehe. Moral und Verantwortung gründen letztlich in einem ganz unmittelbaren, auch sehr persönlichen und diskreten Geschehen, in der Wahrnehmung, im einzelnen Gespräch und in einer Haltung des »für etwas Sorge tragen«.

Ich habe jüngst im Zusammenhang eines praxisorientierten Projekts zum »Prinzip Verantwortung« folgendes Lernziel definiert gefunden: »Der Workshop vermittelt grundlegende Kenntnisse in ethischer Theorie und Begrifflichkeit. Ethisches Argumentieren wird geübt sowie die Urteilsfähigkeit geschult. Die Teilnehmer reflektieren ihre Wertorientierungen und moralischen Überzeugungen, indem sie diese vor dem Hintergrund ethischer Theorie betrachten.« Das ist zweifellos wichtig. Die so Geschulten werden die Zirkulation der Wertediskussion in der Öffentlichkeit im Gange halten, und zwar umso besser, da sie theoretisch von der unmittelbaren Praxis entlastet wurden.

Vieles in der heutigen Wertediskussion ist dieser Theorieschulung und der Rhetorik geschuldet, so dass man statt noch hinzuhören eher weghört respektive es im allgemeinen Rauschen untergehen lässt. »Sagen, was man tut, und tun, was man sagt«, so hat es Johannes Rau formuliert, packt dagegen die Wertediskussion zurück ins konkrete Leben, wo die kleinen und großen Entscheidungen getroffen werden und Werte nicht nur zur Dekoration und geblümter Rede dienen.

Was möchten Sie auf keinen Fall loslassen? Welche Dinge haben einen besonders hohen Stellenwert, und auf was würden Sie gegebenenfalls verzichten? Wo ziehen Sie die Grenze?

Ich vertraue auf meinen »Vorrat«, auf meine Ideen. Wenn es darum geht, auf etwas verzichten zu müssen, denke ich an ein Zitat. Die Marschallin in Richard Strauss' »Rosenkavalier« sagt: »Mit leichtem Herzen und leichter Hand nehmen und fassen, halten und lassen – wer das nicht kann, den bestraft das Leben und Gott erbarmt sich ihrer nicht.« Das ist eine, keine leichte Maxime; sie meint das Loslassen-Können, aber auch eine Bewusstheit über das wirklich Wichtige, nämlich Dinge und Situationen immer wieder neu zu er- und begreifen und den Fluss nicht zu unterbrechen.

Wie reagieren Sie, wenn Ereignisse eintreten, die Ihre Planung gefährden?

Akut emotional, unmittelbar darauf ganz rational. Ich analysiere, warum und an welcher Stelle etwas stockt, um dann entsprechende Maßnahmen zu ergreifen.

An welches Kindheitserlebnis erinnern Sie sich besonders?

Es waren meine Theatererlebnisse. In Coburg aufgewachsen, war mir das dortige Mehrsparten-Theater meine ästhetische Anstalt. Angefangen hat es klassisch: ein Familienbesuch der »Zauberflöte«. Ab da war ich süchtig. Ich habe alles gesehen, zig-mal jede Aufführung besucht – in selbst genähter »Abendgarderobe« – auch eine kindliche Vorstellung vom Gesamtkunstwerk. Theater, insbesondere Musiktheater, die Verbindung von höchster Konzentration und Exzessivität, Innenschau und Verschwendung fasziniert, besser: leitet mich bis heute und hat, neben den konkreten Eigenproduktionen, die wir in diesem Bereich machen, eine heuristische Funktion für meine gesamte Arbeit. Musiktheater ist die integrativste und berührendste aller Kunstformen. Hier spielen unsere Vermögen zusammen.

Wann fühlen Sie sich von anderen anerkannt?

Dann, wenn etwas gemeinsam Durchgeführtes gelingt. Wenn das Gesamte steht und stimmig ist und individuelle Befindlichkeiten in den Hintergrund treten. Und wenn dann der gemeinsam formulierte Wunsch kommt: So, jetzt packen wir ein neues Projekt an. Jede Form von Nachhaltigkeit braucht solche Selbstverständigung.

30

2 Vielfalt fördern: Handel(n) bedeutet mehr als verkaufen

Veränderungen sind nicht nur Privatsache

Wenn die Arbeitswelt zum Korsett wird – Ansichten einer Mutter und Managerin

Von Sabina de Castro

Im Grundgesetz ist verankert, dass die Gesellschaft eine Mutter bei ihrem Bemühen, ihre Kinder zu erziehen, unterstützen muss. Gehört ein Unternehmen zur Gesellschaft? Eindeutig ja – mit moralischer, ethischer, Existenzgrundlagen schaffender Funktion. Wie sieht nun der Alltag einer berufstätigen Mutter aus, mit der besonderen Situation, allein erziehend und in einer Führungsposition tätig zu sein? Wird sie unterstützt von ihrem Unternehmen? Sicher kann jeder Personaler halbstündig referieren, wie sehr Müttern in seinem Unternehmen geholfen wird. Und de facto? Hier ein kurzer, fragmentarischer Abriss über meine Erfahrung.

In allen Einstellungsgesprächen wurde mir ehrlich und aufrichtig Bewunderung und Respekt entgegen gebracht, dass ich beides – Führungsfunktion und Erziehung zweier kleiner Kinder – erfüllen wollte. Auch oft mit dem Zusatz der höchsten Manager (die selber Kinder hatten) »ich könnte das nicht«. Ich kann mir auch vorstellen, dass dies zur Entscheidung für meine Person beigetragen hat.

Die Realität – fernab von jeder Arbeitszeitordnung und Vertragsgestaltung – sieht heute, besonders in Unternehmen, die umstrukturieren müssen und durch die Globalisierung durcheinander gewirbelt werden – so aus, dass um 23 Uhr locker spontane Meetings einberufen werden können, da die zweite Managementebene und die Leitenden in den Ebenen darunter alle noch da sind. Blackberry und Laptops machen es möglich, selbst während der Geburt des Kindes im Kreissaal (ehrlich passiert beim Kollegen) sowie rund um die Uhr und an allen hohen Festtagen erreichbar zu sein – mehr noch, zur Verfügung stehen zu müssen. Es ist unüblich geworden, bei neuen Projekten zunächst einmal ein Timing und eine Priorisierung mit anderen Projekten aufzustellen. Der Abgabetermin wird ohne Kenntnis der operativen Detailaufgaben vorgegeben – gerne auch mal nach Aufgabenstellung 20 Uhr bis morgens 9 Uhr. Moderne Manager haben sich angewöhnt, dies alles zu erfüllen – aus Profilierungssucht? Aus Existenzangst? Aus Konkurrenzdenken heraus?

Eine Mutter muss, wenn sie genauso sein will, ihre Kinder grob vernachlässigen – also ist sie die Einzige im Unternehmen, die sich bei dieser operativen Hektik abgrenzt. Die Kinder müssen schließlich darauf vertrauen können, dass zu verlässlichen Zeiten die Mutter nach Hause kommt, die gewohnten Rituale – wie Abendessen, erzählen, Hausaufgaben durchsehen,

Geschichten vorlesen – durchführt, damit die Welt der Kinder ein verlässliches Gefüge erfährt, und sie sicher groß werden können. Auch reagieren sie – so meine Erfahrung – mit großem Unmut und zu Recht verletzt, wenn die abendlichen Gespräche von Telefonaten aus dem Unternehmen gestört werden. Sie fühlen sich nicht beachtet, nicht wertgeschätzt.

Eine Managerin, die um 18 Uhr nach Hause geht, gilt als nicht leistungsbereit. Dass sie an ihrem 10-stündigen Arbeitstag sehr viel geschafft hat, da sie ja weiß, um 18 Uhr ist definitiv Schluss, wird nicht gesehen, da alle anderen sich ja anders verhalten. Eine Managerin, die gleichzeitig Mutter ist, muss deshalb damit rechnen, dass Jobs, die eigentlich in ihren Arbeitsbereich gehören, jemand anderem zugewiesen werden, da sie um 20 Uhr nicht mehr erreichbar war. Selber schuld?

Man sollte um 18 Uhr die Tür des Unternehmens abschließen, ich glaube, das wäre ein großer Beitrag zum effizienten Arbeiten.

Doch auch wenn die managende Mutter jeden Tag von neuem die Kraft zum konsequenten Abgrenzen aufbringt, ist die Erfüllung von drei Funktionen – Führungskraft, Mutter, Haushaltsführende – viel zu viel für einen Menschen allein, und sei er noch so multitasking-fähig. Der Tag, der Monat, das Jahr sind straff durchorganisiert, Krankheit führt sofort in die Katastrophe, zumindest in die Panik, dass nun alles zusammen bricht. Momente der Ruhe, des Seele-Baumeln-Lassens sind nicht da, die Erholung wird genauso geplant, da die Mutter sich Krankheit nicht erlauben kann. Auch hier gilt es, sich abzugrenzen vom Perfektionsdrang und hinzunehmen, dass Geburtstage vergessen werden, ein Geschenk nicht besorgt werden konnte und ab und zu ein Chaos tobt, das das Jugendamt besser nicht mitbekommt. Aber eigentlich sollte das Abgrenzen noch darüber hinaus gehen. Frau sollte den Mut haben, auszusteigen aus diesem aufdiktierten Leben von einer Arbeitswelt, die von Männern definiert wird und nach männlichen Bedürfnissen strukturiert ist, ein Ausstieg auch aus der Alleinverantwortung. Und einfordern, was im Grundgesetz verankert ist: die Gesellschaft soll die Mutter bei ihrer Aufgabe unterstützen. Bisher ziehen immer noch die Kinder den Kürzeren – oder sollte die Mutter krank feiern, weil der Urlaub aufgebraucht ist und das Kind doch jemand zum ersten Schultag begleiten muss? Eine arbeitende Mutter ist tatsächlich jeden Tag eine Grenzgängerin.

Susanne

Susanne Rahner

Susanne Rahner, geb. 1971 in Potsdam. Studium der Theaterwissenschaft und Neueren Deutschen Literatur an der Humboldt-Universität zu Berlin; verschiedene Verlags- und Theaterpraktika. 2000/01 freie Mitarbeit als Rechercheurin bei Facts & Files, Historisches Forschungsinstitut Berlin. Seit 2001 Tätigkeit als Büroleiterin bei Facts & Files.

1996: Geburt von Jakob Sebastian;
1999: Geburt von Jonathan Francis;
2002: Geburt von Leander Samuel;
2004: Geburt von Elias Benjamin.
Sie lebt mit ihrem Mann, dem amerikanischen Filmemacher Rick Minnich, und den vier gemeinsamen Söhnen in Berlin.

Abseits des Mainstreams Neuland erobern

Vom Abenteuer, Mutter zu sein und dabei die eigenen beruflichen und privaten Interessen nicht aus den Augen zu verlieren

Ein Gespräch mit Susanne Rahner

INTERVIEW

Ist das Mutter-Sein die größte Veränderung in Ihrem Leben? Und inwiefern hat es Sie verändert?

Zweifellos war das Kinderkriegen die entscheidendste Weichenstellung in meinem Leben, die auch nicht mehr durch kommende Veränderungen in den Schatten gestellt werden kann. Mit Beginn der ersten Schwangerschaft vor nunmehr fast zwölf Jahren haben mein Mann Rick und ich einen Weg eingeschlagen, der uns von einem Abenteuer ins nächste führt und jeden Tag neue Überraschungen bereit hält, der mühselig sein kann und der doch nach jedem überwundenen Hindernis alle Anstrengungen mit Augenblicken ungetrübten, berauschenden Glücks mehr als vergilt.

Als Jakob, unser Erstgeborener, eines Frühlings in der Morgendämmerung die Welt betrat und zum ersten Mal sein Stimmchen vernehmen ließ, da war die Zäsur vollkommen. Ab da gab es ein Leben ohne Kinder, das wir hinter uns gelassen hatten, und das Leben mit Kind und nach und nach mit einer ganzen Bande von ihnen. Jetzt, wo mir ein Menschenleben anvertraut war, ich mich diesem winzigen Kerlchen gegenüber sah, das vollkommen auf mich angewiesen war, hatte ich mit einem Schlag die Seiten gewechselt. Dem eigenen Aufgehobensein im elterlichen Zuhause, wo das Familienpolster so mancherlei Unbill und Kränkungen abgefangen hatte, war mit dem Studium die Phase einer luxuriösen Unabhängigkeit gefolgt, die Zeit des rückhalt- und rücksichtslosen Versenkens in die Bücher – und nun fand ich mich unwiderruflich in der Position der Behütenden wieder. Ich war kein Schützling mehr und auch keine autonome Wissensanhäuferin, sondern als Mutter selbst diejenige, die Verantwortung für einen anderen Menschen trug. Das bedeutete natürlich eine enorme Umstellung, und alles, was zuvor mein Leben ausgemacht hatte, bekam eine neue Gewichtung.

Doch bei allen Rücksichten, die der Alltag mit Kind abverlangt, war für mich der Reichtum an Gefühlen und Erfahrungen in diesem engen, symbiosehaften Zusammensein mit meinem Sohn so überwältigend, dass ihm ein Bruder nach dem anderen folgte. Es sind oft die scheinbar kleinen Gesten und Begebenheiten, die mich mit überraschender Macht anrühren: die konzentrierten Gesichter der Kinder bei den abendlichen Vorleselangstreckenläufen, eine überschwängliche Begrüßung am Nachmittag, als hätten wir uns wochenlang nicht gesehen, das Fußballspiel mit der ganzen Familie ... Wir haben mittlerweile vier Söhne und sind, obschon der Verstand längst sein Veto eingelegt hat, immer noch verführbar und ertappen uns bei verwegenen Gedanken an ein fünftes Kind.

Wie hat mich das Muttersein verändert? Es müssen Brücken geschlagen werden zwischen beruflichen Ambitionen und der Mutterrolle, wobei das Leben und Wohlergehen der Jungen unwillkürlich im Vordergrund steht. Dazu kommt jeden Tag neu die Herausforderung, die Persönlichkeiten und Lebensansprüche dieser vier unterschiedlichen kleinen Menschen unter einen Hut zu bringen und das Unternehmen Familie zu managen. Das sind Gegebenheiten, die unwillkürlich auch das Denken beeinflussen. Jetzt habe ich neben meinem eigenen Tagesablauf immer auch jedes einzelne der Kinder im Kopf und muss zusehen, dass ich sie alle zur richtigen Zeit miteinander verquicke, dass kein Instrumentenunterricht, kein Sportkurs und keine Hausaufgabe vergessen wird – und dass jeder zu seinem Recht auf Aufmerksamkeit und Zuwendung kommt. Jetzt muss ich nicht nur meinen eigenen Gefühlshaushalt in der Balance zu halten versuchen, sondern bin Tag für Tag von mal himmelhoch jauchzenden, dann wieder zu Tode betrübten oder auch wutentbrannten Kindern umgeben, denen das Erwachsenenkorsett der Mäßigung noch fremd ist. Je nach Gemütsverfassung der Jungen bin ich Mutmacherin, Streitschlichterin, Lobrednerin oder Zufluchtsstätte, und manchmal alles auf einmal.

Oft genug fühlt man, wie die Grenzen der Belastbarkeit ausgebeult werden – wenn der achtjährige Jonathan noch zwanzig Minuten Zeit bis zum Aufbruch in die Schule hat, aber beharrlich im Bett liegen bleibt und alle Ermahnungstiraden stoisch an sich abperlen lässt. Oder wenn der fünfjährige Leander im Menschengewühl einer Berliner Einkaufsstraße krachend sein Fahrrad zwischen die Beine der Leute schmeißt, weil ihm der Start missglückt ist, und ich selbst nicht Hand anlegen kann, weil ich das große Fahrrad mit dem zweijährigen Elias auf dem Kindersitz festhalte, der derweil genüsslich sein Eis an sich herabtropfen lässt. Dann, nachdem der verzweifelte Rennfahrer mit viel Geduld beschwichtigt worden ist, wartet daheim Jakob, der Elfjährige, der sich in seinem Referatsvorhaben verrannt hat und frustriert um Hilfe bittet.

Ich trete aus mir heraus, betrachte das normale Chaos unterschiedlichster Ansprüche und Begehrlichkeiten aus dem Abstand, schüttele fassungslos den Kopf und fühle doch gleichzeitig einen neuen Ansporn: Es wäre doch gelacht, wenn es nicht gelingen sollte, allen Vieren Genüge zu tun und sie zu besänftigen. Und siehe da: Ich ergreife nicht die Flucht, ich fahre nicht aus der Haut, sondern ignoriere die vermeintliche Grenze des Aushalten-Könnens. Es ist, als wüchsen mir extra Sensoren, mit deren Hilfe ich meine Aufmerksamkeit vierteilen und gleichzeitig schärfen kann.

Die Vielfachbeanspruchung als Spielgefährtin und Mentorin, sportliche Animateurin und künstlerische Leiterin, technische Beraterin in allen Konstruktions- und Entdeckungsprojekten und nicht zuletzt als moralische Instanz und Trostspenderin, verlangt mir ab, mich in viele Richtungen weiter zu entwickeln und hält mir die Tür zur eigenen Kindheit geöffnet. Ich finde mich als Mutter in so vielen verschiedenen Rollen wieder und vertiefe mich je nach den aktuellen Interessen der Jungen in immer neue Themen, dass die Beschäftigung mit den Kindern ein ausgesprochen fruchtbares Geben und Nehmen ist.

Was ist das Wesentliche für Sie im Leben? Was bedeutet für Sie Lebenskunst?

Ich will mit mir selbst im Einverständnis leben, in den Spiegel schauen und mir zunicken können. Die Luftschlösser versuche ich am Alltag festzuschlingen, damit der an Gewicht verliert und beweglich bleibt. Die Kinder müssen Raum und Luft haben, damit ihre eigenen Träume wachsen können. Die innere Stimme nicht von Sirenenklängen übertönen lassen – wer will das nicht, und doch gehört viel Kraft dazu, nicht vom eigenen Wege abzukommen. Die bittere Einsicht, Kompromisse eingehen zu müssen, drückt unsere Kinder noch lange nicht. Sie akzeptieren keine Einwände und Hemmnisse, wenn sie sich etwas in den Kopf gesetzt haben, und stürzen sich mit Feuereifer in jedes neue Unterfangen. Unsere Kinder leben mir vor, wie man das Wesentliche zu fassen kriegt: den Hindernissen im Alltag muss begegnet werden, aber wenn sie auch Umwege abverlangen, darf man ihnen nicht die Macht zubilligen, Leben zu verhindern.

»Lebenskunst« bedeutet für mich ganz konkret, auch ohne dicke Brieftasche vier Kinder so großzuziehen, dass jedes von ihnen ohne Einschränkungen seinen Interessen und Begabungen nachgehen kann, und ich obendrein – bei aller Kinderförderung – meine Haut nicht zu Markte trage. Weder will ich mich mit der Mutterrolle allein begnügen, noch um eines materiellen Gewinnes willen, der das Gewissen einschläfert, mich in einer Tretmühle verdingen, die mir die Luft abschnürt. Es braucht Zeit, Raum und Muße, um zu sich selbst zu finden. Rick muss in der Lage sein, trotz des überbordenden Familienlebens weiter Filme zu machen, so wenig einträglich das Dokumentarfilmgeschäft auch ist. Ich selbst halte trotz regelmäßiger abendlicher Erschöpfungszustände am Schreiben fest. Es ist eine beständige Gratwanderung, ein nicht enden wollender Balanceakt zwischen Schöpfen und Kindern, zwischen Filmpragmatik und Kinderkunst, zwischen Profanität und Inspiration.

Weshalb muss, wer seine Grenzen überschreiten will, immer wieder eine neue Sprache finden, die sein eigenes Leben beschreibt? Weshalb muss er nicht ein Leben leben, sondern viele?

Gruppenbild mit Dame: Jonathan, Jakob, Susanne Rahner mit Elias und Leander.

Es kommt darauf an, immer mal wieder die Position des Beobachters einzunehmen, bewusst die Draufsicht von außen auf das eigene Leben anzustellen. In der Reflexion anderer Leute wird mir die Besonderheit meines Lebens erst bewusst: Wie machst du das nur? – Vier Knaben! Und nebenher arbeitest du noch?! Es gibt eine gewisse Gewöhnung an das Außergewöhnliche, die mir erst auffällt, wenn die anderen staunen.

Dass wir aus vollem Herzen Ja sagen zu unseren Söhnen, und Rick dennoch nicht die Filmklappe zugunsten einer lukrativeren Fronarbeit aus der Hand legt, und ich mich nicht ein für allemal an den Herd zurückziehe – dass wir uns also dem konventionellen, auf wirtschaftlichen Erfolg ausgerichteten System nicht ohne weiteres unterwerfen, macht uns zu Abenteurern, die sich abseits des Mainstreams Neuland erobern müssen.

Unser Kiez im Berliner Stadtteil Prenzlauer Berg, in dem es von künstlerisch angehauchten Glücksrittern und sich durchschlagenden Akademikern wimmelt und eine Hand voll Kinder zum Normalen gehört, leistet unserer Verrücktheit Vorschub: Hier bringen wir es fertig, in einer bezahlbaren großen Wohnung zu leben, ohne Auto und ohne äußeren Prestigedruck. Hier braucht es den blendenden, die Poren verklebenden Lacküberzug nicht, den man sich mancherorts wie selbstverständlich verpasst, um nach außen hin als erfolgreich und saturiert durchzugehen.

Unsere Familie folgt keinem vorgegebenen Lebensmuster, was uns generell offen macht für Veränderungen. Allein schon der Umstand, dass Deutschland nicht Ricks Heimat ist, lässt einen wortwörtlichen Grenzübertritt, einen radikalen Ortswechsel immer in der Luft schweben. Die Selbstbefragung – Was ist uns wichtig? Wo sind wir angekommen? Was soll anders werden? – kehrt in regelmäßigen Abständen wieder und schärft den Blick auf den Alltag in all seinen Komplikationen und Facetten.

Welche Grundwerte möchten Sie Ihren Kindern vermitteln?

Wenn Jakob früh als Erster aus dem Haus geht, steht der kleine Elias in der Tür und winkt ihm hinterher. Wenn Leander ein neues Bild aus dem Kindergarten mitbringt, ist er erst wirklich zufrieden, wenn auch die großen Brüder es gewürdigt haben. Gestern waren Jakob, der Perfektionist, und der drei Jahre jüngere, rebellische, mitunter exaltierte Jonathan wie Hund und Katze – heute setzen sie sich für Stunden zusammen und konstruieren gemeinsam ein neues Spiel oder drehen in minutiöser Feinarbeit einen ihrer berühmten Animationsfilme. Am Morgen wetteifern die großen Jungs darum, wer Elias aus dem Gitterbettchen holt, und selbst dessen nasse Küsse lassen sie sich gern gefallen. Wenn ich sehe, wie vertrauensvoll die Brüder miteinander umgehen, wie sehr sie einander anerkennen, sich umeinander kümmern, dann habe ich das wohlige Gefühl, dass sie durchaus schon den Sinn für ein gekonntes und fruchtbares Miteinander haben.

Ein wünschenswertes Rüstzeug fürs Leben wäre: einander zuhören und akzeptieren können und gleichzeitig persönliche Ansichten und ein Gespür für die eigene Mitte entwickeln – sich die Lust am Ausprobieren und Schaffen als Triebkraft für das ganze Leben bewahren – Mut und Entschlussgewalt, um sich der Indoktrination durch äußerliche Standards zu wider- und den eigenen Kopf durchzusetzen.

Gehört das Zweifeln dazu, um die eigenen Talente zu entdecken und zu fördern?

Das Freisein von Zweifeln führt schnell zu lähmender Zufriedenheit oder gar Selbstüberschätzung, einer Art geistiger Sehschwäche. Insofern ist ein gesundes Misstrauen dem eigenen Können gegenüber, so quälend es auch sein kann, ein nicht zu unterschätzender Antrieb. Das In-Frage-Stellen und kritische Abwägen von eigenem Vermögen und Geleistetem ist wie ein Ringkampf mit sich selbst, während dem man dem Gegenüber zu beweisen sucht, dass man es noch besser kann.

Von Buddha stammt der Satz: »Es gibt nur eine Zeit, in der es wesentlich ist aufzuwachen; diese Zeit ist jetzt.« Wie wichtig ist Ihnen die Gegenwart?

Kinder sind Lebenskünstler, die mit allen Sinnen die Gegenwart erleben. Das Zusammensein mit ihnen mahnt mich, so oft wie möglich die Alltagsbeschwernisse abzustreifen, in der allgemeinen Hatz nach vorn inne zu halten und ganz und gar im Augenblick zu leben. Immer klappt das bei weitem nicht, aber es gar nicht zu vermögen, bedeutet ein blutleeres Leben zu fristen.

Siegen lernen

In den Zwischenräumen liegt der Beginn jeder Innovation

Von Thiemo Ehmke

Kreativ sein ist heute in der öffentlichen Wahrnehmung eine Verheißung von Lösungskompetenz. Manchmal kommt sie auch als das letzte Aufgebot daher, wenn nichts mehr geht. Oder sie fungiert – und da macht sie am wenigsten Ärger – als Incentive-Maßnahme für den Firmenausflug. Kreativität ist eine zeitgenössische Phrase, die in ihrem Gebrauch vieles meint und nichts konkret benennt und seit wenigen Jahren in eine neue Vorstellungswelt kollektiver Zugehörigkeit mündet: die kreative Klasse – die Jongleure und Advokaten der Creative Industries. Wenn schon kein klarer Gegenstand, dann doch besser eine wachsende sozio-ökonomisch-kulturelle Minderheit, obwohl bereits mehr Menschen in Deutschland in diesem Bereich arbeiten als in der Automobilindustrie. Noch weiß man nicht so recht, wer alles dazugehören soll und darf. Der nun schon zehntausendfach zitierte Richard Florida hat mit seinem Buch »The Rise of the Creative Class« einen Versuch gestartet, der in Deutschland mit etwas Verspätung manchmal fast prophetischen Anklang findet. Von den Kreativen lernen, heißt auf einmal siegen lernen.

Die Innovationskraft von Unternehmen ist bereits heute die entscheidende Kompetenz für die Zukunft. Innovationen entstehen vor allem an den Bruch- und Leerstellen unserer Lebensvorstellungen. Denn das Zwischen ist gerade dort verortet, wo es nicht mehr nur um das Einzelne geht, sondern um die Wechselbeziehung, die Übergänge zwischen dem Einen und dem Anderen. Es beschreibt jenen meist unsichtbaren Ort, an dem Bedeutung, Interpretation und Beurteilung entstehen.

Nur eine Sensorik des Denkens für diese Zwischenräume ermöglicht das dialogische Spiel zwischen den Dingen, in dem der Code der Bedeutung sowie der Beginn jeder Innovation liegen. Deshalb werden Kreative auch in der Wirtschaft gebraucht.

Und: Wirtschaft gibt es, weil es Menschen gibt.

Helmut

Helmut Klier

Helmut Klier, geboren 1943 in Wien, war seit Juni 2004 Mitglied der Geschäftsführung der KARSTADT Warenhaus GmbH. Er verantwortete den gesamten Einkauf mit den Bereichen Fashion, Sport, Personality, Living und Multimedia. Seine berufliche Laufbahn begann er nach einer kaufmännischen Ausbildung im Verkauf von Wiens größtem Bekleidungshaus. Über Leitungspositionen im Einkauf und in der Unternehmensführung verschiedener Unternehmen kam Klier 1985 als Einkaufsdirektor zum Warenhausunternehmen Hertie. Zehn Jahre später wurde er zum Einkaufsdirektor der Karstadt Warenhaus AG berufen. Bis zu seinem Eintritt in die Geschäftsführung war Klier Vorstand Textil der Quelle Aktiengesellschaft und später auch der Neckermann Versand AG. Im März 2007 ging Helmut Klier in den Ruhestand

Neue Gedanken finden sich nicht in alten Schubladen

Handeln ist mehr als verkaufen, und Führung beginnt mit der »inneren Leere«

Ein Gespräch mit Helmut Klier

INTERVIEW

Ihr ganzes Berufsleben lang waren Sie als Einkaufsdirektor und Vorstand mit großer Begeisterung im Handel tätig. Was ist für Sie das Faszinierende am Handel?

Das Erfassen der Wünsche meiner Kunden. Das Fühlen, was der Kunde möchte und das Umsetzen dieser Wünsche in ein Sortiment. Das bedeutet, dass jedes Sortiment geformt werden muss. Und es bedeutet auch, dass diese Formung in jeder Branche anders aussieht. Die große Faszination besteht eben im Ausloten der Kundenwünsche und in der Gestaltung der Warenpräsentation im Verkauf. Und wenn man dann einen tollen Umsatztag hingelegt hat, dann gibt das die Befriedigung, dass man mit der Einschätzung der Kundenwünsche richtig lag.

Wie wichtig und treffsicher ist dabei das Gespür für Flops und Bestseller? War Ihnen stets klar, was ein Flop und was ein Bestseller werden würde, oder ist das in ständiger Bewegung?

Im Nachhinein kann man das natürlich aufgrund der Renner-Penner-Liste feststellen – die Kunst ist freilich, alles vorher zu wissen. Der Einkauf muss je nach Branche vier bis sieben Monate im Voraus denken und entscheiden. Das ist die Schwierigkeit. Wer aber seine Branche genau beobachtet und weiß, wie sich die Trends in der Vergangenheit entwickelt haben, der kann daraus eine Leitlinie, eine Art roten Faden entwickeln.

Was verbinden Sie mit dem Wort Kunde? Der Begriff bezeichnet seit dem 16. Jahrhundert den in einem Geschäft regelmäßig einkaufenden Bekannten …

Zuallererst ist ein Kunde ein Mensch. Ein Mensch hat in der Regel immer Wünsche. Ein Kunde ist für mich ein Mensch, der etwas möchte. Er will durch den Kauf eines Produkts etwas erreichen – und das können sehr unterschiedliche Ergebnisse sein. Hierin liegt die unglaubliche Chance für jeden, der etwas verkaufen möchte. Erfülle die Wünsche und verdiene dadurch Geld! Das ist das Prinzip eines jeden Händlers.

Auch ethische und kulturelle Aspekte sind ein wichtiger Wirtschaftsfaktor. Inwiefern ist die Frage nach dem Wert der Ware, auch jenseits des Verkaufspreises, für den Kunden relevant?

Es sind zwei Aspekte, die die zu kaufende Ware ausdrückt. Einmal der Bedarf des Menschen für den normalen, alltäglichen Gebrauch. Hinzu tritt aber die Sehnsucht nach dem Anderen und Neuen. Daraus entwickeln sich die Trends. Die Faszination der Trendwelten kann sich im Extremen bis zum Kulthaften entwickeln. Um in einer Welt der unterschiedlichsten Interessen gemeinsam leben zu können, brauchen wir Regeln. Diese Regeln sind auf ethische Werte aufgebaut und stammen nicht aus dem Gesetzbuch, sondern aus dem natürlichen Empfinden eines gemeinsamen Lebens der Menschen.

Man sagt, dass das Leben zu kurz sei, um aus den Schwächen eines Mitarbeiters Stärken zu machen. Weshalb kommt es eher darauf an, seine Stärken zu nutzen und dort hineinzugießen, wo »es« fließt?

Damit ein Mitarbeiter für das Unternehmen Arbeit leisten kann, braucht er das Wissen, was zu tun ist, und den Willen, dies umzusetzen. Auch für das Wissen braucht es eine gewisse Eignung, aber Wissen kann man auch lernen. Somit ist Lernen wichtiger als Talent. Lernen stellt sicher, dass das Wissen aufgebaut wird. Die Fähigkeit der Umsetzung aber kommt aus der inneren Energie. Ohne diese Kraft bleibt alles ungetan oder nicht ausreichend getan. Hier kommt die Leistungsbereitschaft zum Tragen. Hierin liegt der eigentliche Arbeitsprozess. Hier entsteht der Mehrwert. Wer da Probleme hat, wird zum Problem. Das kann nicht ausgeglichen, sondern nur ausgetauscht werden.

Ist eine wohlwollende und gelassene Haltung im Berufsleben nur möglich, wenn der Mensch auch Möglichkeitsräume mit eigenen Interessen hat – man könnte auch sagen: Möglichkeitsträume?

Unbedingt! Träume bedeuten Raum. Also Platz zum Agieren. Jeder Zwang macht eng, jeder Freiraum weit. Es kommt auf diese Haltung im Geist an. Also darauf, wie der Mensch sich fühlt. Dadurch, dass der Körper in der Regel dem Geist in seiner Haltung folgt, kann man eng und weit an der körperlichen Haltung eines Menschen leicht erkennen.

Der Schriftsteller und Unternehmer Ernst-Wilhelm Händler hat einmal bemerkt: »In Amerika geht einer zufrieden ins Bett, wenn er viel Geld verdient hat. Und dankt dem lieben Gott.« In Deutschland würde man das kaum so sagen. Weshalb ist Gottesdankbarkeit keine deutsche Mentalität?

Es ist eine Frage, was der Einzelne unter Gott versteht. Wenn einer mit Gott wie mit seinem Opa spricht, dann ist das Lebensflucht und viel zu kurz gesprungen. Wenn man Gott hingegen als den Schöpfer des Lebensprozesses sieht und diesen Lebensprozess in sich erkennt, dann ist man sehr nah an Gott. In der inneren Stille kann man Gott fühlen, nicht im Inneren hoffen, dass man irgendeinen vorteilhaften Punkt erreicht. Das ist denkerische Phantasie und nie Gott.

Wer einen anderen nach seinen Werten befragt, tut dies immer im Kontext seiner Erfahrungen und im Zusammenhang von gelebtem Leben. »Man ist verwickelt. / Man entwickelt sich. / Man stößt auf Knäuel. / Man entwirrt sich. / Man stößt auf Knoten. / Man löst sich. / Man lernt Geduld. / Man duldet

die Verwicklung. / Irgendwann findet man den roten Faden«, schreibt Hans Kruppa. Welche Werte, die sich in der Wirklichkeit des Alltags bewähren, sind Ihnen wichtig, und welcher rote Faden in Ihrem Leben ist damit verbunden?

Für mich ist Leben etwas ziemlich Einfaches. Ich erlebe es als ein permanentes Sein, aus dem heraus ich mich ununterbrochen bewege und handle. Nur: Was mir begegnet, wie ich alles erlebe, wie es sich entwickelt und wie ich damit umgehe, das alles hängt von meinem Verhalten ab. Dabei kommt es darauf an, die Situation vollkommen zu verstehen, zu erkennen. Ohne dieses Erkennen bin ich blind.

Was ist das Bereichernde und Faszinierende, so nahe wie möglich an der Borderline, die das Mögliche vom Unmöglichen trennt, zu leben und zu arbeiten?

Da Geist und Materie nur zwei unterschiedliche Zustände desselben sind, ist es aus meiner Sicht von Bedeutung, hier keine Grenze zuzulassen, sondern in dem vollen Bewusstsein zu leben, dass beide Zustände zum Leben gehören. Daher muss man nicht an einer Grenze leben, sondern versuchen, beide Zustände voll aus deren Mitte heraus zu bewegen und zu formen. Ich möchte kein Grenzgänger sein, sondern ein voll Begreifender. Der Geist hat dabei die Aufgabe, das Ganze zu erfassen, während der Körper die Arbeit im Detail erledigen muss. Nur aus dieser Kombination kann man diese Welt erst wirklich verstehen. Wenn man dann von einem Grenzgänger spricht, dann kann nur das intensivere Arbeiten aus dem geistigen Bereich – und damit ist nicht Wissen gemeint – heraus gemeint sein.

Louis Pasteur hat einmal gesagt:
»Der Zufall begünstigt den vorbereiteten Geist.«
Stimmen Sie dieser Aussage zu?

Der »vorbereitete Geist« ist kein Geist, der Erwartungen sich trägt. Sondern es ist ein »offener« Geist – wie ein Krieger, der unbekanntes Gelände durchwandert.

Dieser Geist ist vorbereitet zum Agieren und Reagieren, aber er ist im Jetzt in keiner Weise festgelegt. Sondern einfach offen und handlungsbereit, mit der inneren Sicherheit, im entscheidenden Augenblick das Richtige zu veranlassen.

Der Schriftsteller Peter Handke sagte einmal, dass man, wenn man eine Schwelle überschritten und sich aus einer brenzligen Situation befreit hat, plötzlich merkt, was Leben ist. Was bedeuten Ihnen diese Übergänge?

Ich habe immer dann in meinem Körper gespürt, was Leben ist, wenn ich mich zur Meditation hinsetzte und in mich hinein gehört habe. Dabei bin ich aus der denkenden und planenden Gehirntätigkeit bewusst heraus gegangen. In solchen Momenten ist es egal, wie spät es ist. Es ist unglaublich spannend, einfach nur das eigene Leben im Jetzt zu fühlen. Seit ich nicht mehr voll beruflich tätig bin und nicht mehr unter dem Druck stehe, ununterbrochen ergebnisorientiert zu denken, ist dieses Gefühl des Lebens immer stärker in ein ganzheitliches inneres Lebensempfinden gewandelt.

Seit wann wussten Sie, was Ihre Bestimmung ist?

Da ich empfinde, dass meine Bestimmung das Führen von Menschen ist, kann ich kein bestimmtes Ereignis als Starttermin benennen. Aber es entwickelte sich nach und nach in mir ein permanentes Gefühl der Verantwortung für mein Umfeld. Durch meine berufliche Tätigkeit, im Unternehmen Karstadt die Sortimentsstrukturen zu verantworten, habe ich gelernt, Menschen bei der Umsetzung der beruflichen Aufgaben zu führen.

Es ist für mich wirklich beeindruckend gewesen zu erfahren, dass nur das eigene Vorbild die Menschen wirklich beeinflussen kann. Ich habe aber auch gelernt, dass ich nur Respekt und Ernsthaftigkeit von den Menschen bekommen kann, wenn ich diesen Respekt den anderen gegenüber ebenfalls voll zur Geltung bringe und zeige. Mit Respekt meine ich die Akzeptanz des anderen. Ich kann nur mein eigenes Verhalten, also meine Haltung beeinflussen. Die Haltung des anderen kann ich nur zur Kenntnis nehmen und mich darauf einstellen, aber nicht »machen«.

Gehört das Zweifeln dazu, um die eigenen Talente zu entdecken und zu fördern?

Unbedingt gehört die Bereitschaft dazu, nichts als endgültig zu sehen. Ich muss immer bereit sein, meine Vorgehensweise in Frage zu stellen. Ich habe immer versucht, meine eigenen Möglichkeiten auszuweiten – indem ich Fragen stellte und stelle. Es ist von großer Bedeutung, Erfolgspunkte in anderen Bereichen zu erkennen und auf die eigenen Arbeitsfelder anzuwenden. Neue Gedanken finden sich nicht in alten Schubladen, deshalb habe ich mich immer mit voller Neugierde mit vielen anderen Dingen beschäftigt und auseinandergesetzt – immer mit der Frage, was das für meinen Bereich bedeuten könnte. Die innere Antwort kam oder kommt spontan hervor und lässt mich fühlen, wo neue Wege hingehen könnten. In diesen neuen Möglichkeiten liegt die Ausweitung der eigenen Grenzen.

Weshalb muss der Mensch das Leere erleiden, um die Fülle zu bändigen (Friedrich Schwanecke)?

Da unser Gehirn ein unglaublicher Speicher ist, kann theoretisch gar keine Leere da sein. Was wir vielleicht Leere nennen, ist die Stille, die Voraussetzung für den Raum ist, wo Neues entstehen kann. Das ewig innere sprechende Gehirn kann uns sehr leiden lassen. Ich denke an manche Nacht, in der diese Bewegung einfach unaufhaltsam da war. Wir müssen unbedingt lernen, bewusst innere Leere zu erreichen. Damit erreichen wir eine unglaubliche Befreiung und machen uns frei für das vor uns liegende Leben. Es ist eine ganz wichtige Botschaft, dass das Überschreiten von Grenzen immer das Überschreiten der eigenen Körperlichkeit oder der eigenen Geistigkeit bedeutet. Nur durch diese Überschreitung dieser Grenzen erweitere ich meine Möglichkeiten in vieler Hinsicht.

Der Schauspieler Jack Nicholson wurde einmal gefragt, welche Regeln er einem jungen Schauspieler mit auf den Weg geben würde. Seine Antwort: »Keine. Denn das wäre, als ob ich ein Geheimnis kennen würde. Ich würde versuchen, ihm zu sagen, wo die Freiheiten zu finden sind, nicht die Begrenzungen. Denn aus dieser Freiheit entsteht das Unvorhergesehene. Und aus diesem nicht Vorhersehbaren entsteht der glückliche Zufall.« Gilt das auch für Nachwuchsführungskräfte?

Unbedingt. Jeder Lernende muss lernen, seine Gefühle zu erkennen. Dieses Fühlen ist eine wertvolle Information über sich selbst, seinen eigenen Zustand und über seine Einstellung zu vorliegenden Projekten. Ohne diese Kenntnisse hat er keine Chancen, sich selbst zu führen und unabhängig zu werden von seinem Umfeld. Diese Unabhängigkeit von anderen schafft ihm den Freiraum, der für eine permanente Weiterentwicklung notwendig ist. Das Umfeld hält immer fest. Diese Bande muss man lösen. Und man muss noch einen weiteren Punkt lernen. Man muss warten können. Warten auf den richtigen Augenblick. Oft gehört Mut dazu. Aber man fühlt immer rechtzeitig, wann der Augenblick des Handelns gekommen ist. Dann hat man zu agieren und darf nicht zögerlich sein.

Es ist gar nicht sooo chaotisch in Russland

Im weltweiten Versandhandel bedeutet jedes Geschäft, (die eigenen) Grenzen zu überschreiten

Von Eva Wolfangel

Fünf russische Container können ziemlich viel Wirbel verursachen. Vor allem, wenn sie fehlen. Dann kann man die Turbulenzen sogar mehr als 2.000 Kilometer entfernt im Westen wahrnehmen – in der riesigen Halle des Quelle-Versandzentrums Leipzig. Dort steht ein junger Mann im schwarzen Rollkragenpullover zwischen Fließbändern und sucht eine Erklärung. Sein Blick folgt den Bändern, von denen jedes seinen Rhythmus hat. Fünf fehlende Container und ein steigendes Paketaufkommen, grübelt er, das passt doch überhaupt nicht zusammen.

Fest steht: Die Ursache muss irgendwo zwischen Leipzig und Russland liegen, wo seit drei Jahren der Versandhandel boomt. So lange gibt es die Tochtergesellschaft »Quelle Russland«, und seit einem Jahr einen neuen Logistikdienstleister. Plus die Erkenntnis: Logistik wird richtig kompliziert, wenn sie Grenzen überschreitet. An der Grenze zu Russland ändern sich beispielsweise die Richtlinien der Post. Auf den Leipziger Transportbändern stapeln sich neben den blauen Paketen für Deutschland braune für Russland, die etwas größer sind, weil dort andere Einheitsmaße gelten. Müssen zu viele Pakete auf einmal versandt werden, hinkt die Fördertechnik hinterher. Ein Problem, das Quelle-Logistiker gemeinsam mit ihren russischen Kollegen noch lösen wollen.

Eines von vielen. Denn an der Grenze ändern sich nicht nur die Richtlinien der Post, sondern auch die Mentalitäten. Manchmal hapert es nicht nur an technischen Details, sondern auch an der Kommunikation. Es geht dabei um Dinge, die nur verstehen kann, wer beide Kulturen kennt. Einer wie Alexander Stark, ein erfahrener Grenzgänger, in Kirgisien geboren und aufgewachsen, wo er acht Jahre bei verschiedenen Banken gearbeitet hat. Danach studierte er in Deutschland Betriebswirtschaftslehre, Vertrieb und Marketing – eine Mischung, die ihn zum richtigen Mann für Quelle macht. In einigen Monaten soll der 33-Jährige nach Jaroslawl ziehen, das knapp 300 Kilometer nördlich von Moskau liegt, und dafür sorgen, dass die Pakete möglichst reibungslos ihren Weg von Leipzig in die russischen Haushalte finden.

Keine einfache Aufgabe. »Man muss genau jetzt alles richtig machen«, ist einer der Lieblingssätze von Dominique Desnave. Der Assistent des Leipziger Versandleiters arbeitet Stark ein. Er hat ihm in den vergangenen Wochen die Vorgänge des Versandzentrums Leipzig nahe gebracht, damit er später von Jaroslawl

Der Versandhandel in Russland boomt. Im Leipziger Versandzentrum wird auf Hochtouren gearbeitet, damit die Pakete schnell ihren Weg in die russischen Haushalte finden.

aus einschätzen kann, warum irgendetwas nicht so funktioniert, wie es sollte.

Die beiden jungen Männer stehen am Beginn ihres Berufslebens: Desnave hat bereits einige Jahre bei Quelle gearbeitet, für Stark ist es die erste Stelle nach dem Studium. Beide sind ehrgeizig und beide wissen, welche Chance ihre derzeitige Aufgabe bietet – aber auch, welche Risiken drohen. Stark ist ein besonnener Mann. Kaum eine der neuen Aufgaben, die auf ihn einstürmen, kann ihn aus der Fassung bringen. Auf dem Weg durch die 100 Meter langen Hallen schnippt er plötzlich mit den Fingern. »Wie heißt das Wort? Komm, sag' es schon, du weißt es doch.« Dominique Desnave rät so eifrig, als wäre er bei den »Montagsmalern« kurz vor dem Gewinn. »Buchhaltung?« Stark schüttelt den Kopf und schnippt weiter. »So ähnlich, es gibt noch ein anderes Wort dafür.« Die beiden eilen durch die Sortierpackerei. Stark schnippt, Desnave rät. »Verwaltung?« Treffer! Im Begriffe-Raten sind die beiden ein gutes Team geworden.

Stark denkt bei solchen Gesprächen manchmal an seine Großeltern. Sie haben noch deutsch gesprochen. Doch nach dem Zweiten Weltkrieg veränderte sich das grundlegend. Seine Eltern trauten sich nicht mehr, deutsch zu sprechen, niemand sollte merken, woher ihre Vorfahren stammten. Nie hätten sie sich träumen lassen, dass ihr Sohn eines Tages von dieser Abstammung profitieren würde, ebenso wenig, dass er eines Tages in dem Land arbeiten würde, aus dem die bunten Kataloge kommen. Denn Quelle-Kataloge wurden schon in seiner Jugend teuer gehandelt, sie galten als ein Sinnbild des süßen Lebens im Kapitalismus. Sie wanderten von Hand zu Hand und wurden erst weggeworfen, wenn sie völlig zerfleddert waren.

Am Warenausgang türmen sich die Pakete meterhoch. Förderbänder im ersten Stock werfen immer neue auf eine Rutsche. Wie Kinder auf einem Spielplatz gleiten sie die spiralförmige halb offene Metallröhre herab und werden von den Arbeitern entgegengenommen. Immer noch fehlen die fünf russischen Container, in denen die Pakete zwischengelagert werden sollen. Trotzdem: Auf der Rutsche gibt es Stau, Pakete fallen schwungvoll aufeinander und rammen sich mit ihren Ecken gegenseitig Löcher in den Karton. »Das letzte Mal sah Russland eigentlich ganz aufgeräumt aus«, sagt Desnave kopfschüttelnd zu Alexander Stark und deutet auf das kleine Chaos. »Russland« ist im Versandzentrum zum Synonym für die Halle geworden, in der die Sendungen für Russland gesammelt werden. Desnave vermutet, dass Engpässe im »richtigen Russland« für das Fehlen der Container verantwortlich sind. Als Assistent des Supply Chain Managers Russland wird Alexander Stark auch künftig

Alles eine Frage der richtigen Logistik.

derjenige sein, der Anrufe und Mails aus Leipzig erhalten wird, wenn mal wieder etwas nicht so läuft wie geplant. Dafür ist es gut, genau Bescheid zu wissen.

Er hat deshalb in den vergangenen Wochen den Weg eines Paketes akribisch verfolgt und an jeder Station einige Tage mitgearbeitet. »Ich will wissen, wie sich ein Arbeiter an diesem Platz fühlt«, hat er den erstaunten Packerinnen und Packern, den Gabelstapler- und den Lkw-Fahrern erklärt und im Warenausgang Pakete auf Paletten verladen. Er schwitzte im Kommissionierlager, wo die Arbeiter zwischen meterhohen Regalen auf und ab flitzen, bestellte Waren einsammeln, sie mit Aufklebern versehen und über Förderbänder zur Sortierpackerei schicken. Dort hat er zwei Tage lang Schulter an Schulter mit den Packerinnen an einem Fließband gestanden und versucht, die Waren auf vorbeirasende Holzschalen zu legen, und zwar so, dass sie nicht über den Rand hinausragen, weil sie sonst von der Fördertechnik nicht exakt zugeordnet werden können. Es passierte oft, dass er sie nicht korrekt platzierte, dann kamen sie nach einer Runde durch die große Halle wieder zurück. Nachsitzen! Ihm wurde schwindelig. Bis ihm eine Mitarbeiterin einen Trick verriet: »Man darf nur auf die Ware, aber nie aufs Fließband schauen.«

Von Leipzig in alle Ecken Russlands:
Im Quelle-Versandzentrum beginnt die lange Reise.

Manchmal wird Dominique Desnave ungemütlich. »Wir brauchen die Container nicht morgen, wir brauchen sie in drei Sekunden«, schimpft er ein ums andere Mal ins Telefon. Er wird lauter. Zu lange hat er nach den Containern gefahndet, zu viel Chaos herrscht deshalb in seinem Bereich. Stark sitzt ihm gegenüber und versinkt immer tiefer in seinem Bürostuhl.

Desnave legt den Hörer auf und äfft den russischen Akzent seiner Gesprächspartnerin nach: »Sie füllen doch nur zwei Container mit Sendungen, Sie brauchen doch keine fünf.« Es nervt ihn, wenn er nicht ernst genommen wird. Die Container werden in Leipzig nicht nur für fertige Sendungen nach Russland genutzt, sondern auch als Stauraum. Deshalb tauchen sie nicht im Computersystem auf. Seine Gesprächspartnerin hat daraus geschlossen, dass sie nicht gebraucht werden, und die Container eigenmächtig abgezogen. »Ich habe ihr das schon so oft erklärt, dass sie vorher fragen muss. Dass die das nicht versteht!«

Mit der russischen Mitarbeiterin des Auslandsbereichs in Nürnberg spricht er deutsch. Ruft er in Moskau an, wird englisch gesprochen. Bei heiklen oder besonders eiligen Angelegenheiten ruft Stark an. »Das dauert zu lange auf Englisch«, erklärt Desnave. Auch jetzt ist wieder ein Punkt erreicht, an dem man besser auf Russisch kommuniziert. Desnave wird eine Mail schreiben, die sein Kollege übersetzt und zweisprachig an alle verschickt, die mit dem Container-Problem zu tun haben.

Alexander Stark wirkt immer ein wenig erschrocken, wenn Desnave am Telefon schimpft oder der deutsche Logistikleiter zum Krisengespräch ruft. Stark fühlt sich in solchen Momenten in die Defensive gedrängt und sagt Dinge wie: »Es ist gar nicht sooo chaotisch in Russland, es sieht nur so aus, aber es gibt auch dort strenge Regeln – allerdings andere als hier.« Er kennt solche Diskussionen von seinem Praktikum in der Vertriebsabteilung Ausland. Mit Kollegen aus aller Welt hat er immer wieder beim Feierabendbier über die Unterschiede gesprochen, die oft erst auffallen, wenn man Grenzen überquert. Dabei hat er von Kollegen viele Vorurteile gehört, zum Beispiel, dass Russen chaotisch oder gierig seien. Nach solchen Abenden hatte er stets das Gefühl, dass sich manche Vorurteile hartnäckig halten.

Zurück im Büro gibt es gute Nachrichten. Die fünf vermissten Container sind auf dem Weg nach Leipzig. Die Krisensitzung, die russisch-deutsche Mail und das ständige Nachfragen hatten Erfolg. Die russische Kollegin in Nürnberg hat den Fehler eingesehen und ihr Transportproblem gelöst. Mindestens zehn Tage werden die gefüllten Container nach Jaroslawl brauchen. Kunden aus Wladiwostok warten weitere vier Wochen, bis sie ihr Paket bekommen. Je nachdem, wie die Lastwagen durchkommen. Mal gibt es Ärger an der Grenze, mal bremst ein Unwetter die Weiterfahrt. »Man darf nie alle Eier in einem Korb haben«, sagt Stark. Erst als seine Kollegen verdutzt aufschauen, merkt er, dass er ein russisches Sprichwort verwendet hat, das die Deutschen nicht verstehen. In seiner Heimat richte man sich auf Eventualitäten aller Art ein, erklärt er. Deshalb hat man sich angewöhnt, Eier auf mehrere Körbe und Sendungen auf mehrere Fahrzeuge zu verteilen. Es könnte ja eines verloren gehen. Kunden aus dem Norden Russlands bestellen deshalb ihre Badehose schon im Winter.

Für Alexander Stark rückt Russland wieder näher. In wenigen Wochen wird er sein Büro in Jaroslawl beziehen und endlich Heimaturlaub nehmen. Seit mehr als vier Jahren war er nicht in Kirgisien. Er träumt oft von den hohen Bergen und einsamen Tälern dort. Was hast du erreicht, werden ihn seine Freunde fragen. Sie erwarten große Erfolge von einem, der nach Deutschland ausgewandert ist. Ein Studium oder ein Praktikum – das wäre nicht genug. »Aber jetzt habe ich etwas erreicht«, sagt Stark. Er wird seinen Freunden von seiner neuen Arbeit erzählen. Nicht alle werden mit dem Namen Quelle etwas anfangen können, auch nicht mit Arcandor, dem neuen Namen des Konzerns. Vielleicht aus gutem Grund, denn der Name erinnert an das russische Wort »Arkan«, das bedeutet Schlinge. Stark wird einfach von der Firma mit den bunten Katalogen erzählen, die in seiner Schulzeit von Hand zu Hand gingen und vom süßen Leben im Kapitalismus erzählten. Dann werden seine Freunde wissen, was er meint.

Permanent unter Strom

Erholung bei der Arbeit macht kreativ – Ein kleiner Szenenreport

Von Michael Paul Herbst

SZENE 1: PERMANENT UNTER STROM

Die Wirtschaft frönt dem Temporausch, und Hyperwettbewerb ist längst kein Modewort mehr. Dabei mutiert der Mensch zu einer »24/7-Maschine«, die immer funktionieren muss.

SZENE 2: STÄNDIG IN ALARMBEREITSCHAFT

Unser Körper ist in ununterbrochener Alarmbereitschaft. Ich beschleunige, also bin ich. Doch wer immer nur mit Höchstdrehzahl rast, schädigt sich selbst und letztlich auch sein Unternehmen. Anhalten ist also wichtig.

SZENE 3: UNSERE KONDITIONIERUNGEN

Reizüberflutung. Infobeschuss total. Permanenter Datensmog im Kopf. Wir haben zwar Lust auf Leistung, sorgen aber langfristig nicht für genügend regenerative Nachhaltigkeit. Wir brauchen also ein Balance schaffendes Instrument, das uns einfach hilft, zum Kern wahrhaftiger Erholung und Kreativität vorzudringen.

SZENE 4: ZUKUNFT

Und was ist mit der Zukunft? Zukunft ist das, was noch nicht gemacht wurde. Also gestalten wir sie. Das fordert heraus. Altes zu zerstören, um Neues zu schaffen, ein hochkreativer Akt.

SZENE 5: WAS ALSO TUN?

Erst einmal müssen wir uns Klarheit verschaffen. Klarheit darüber, warum wir aus dem Rhythmus kommen, und was wir wollen. Klar, vollkommen klar, können wir aber nur dann sein, wenn wir gut erholt sind. Und gut erholen können wir uns am besten während der Arbeit. So provokativ dies auch klingen mag. Zusätzliche, auf den Arbeitstag verteilte, auf uns selbst besinnende Pausen haben den höchsten Erholungswert. Das sind wahre Powerpausen, die zur Unternehmensstrategie werden sollten. Machen wir das spielerisch, wird der Erholungsprozess im Job zur Kunst. Persönliche Kreativität, Produktivität und mehr Lebensfreude sind das Ergebnis.

Helmut K

Helmut K. Doerfler

Helmut K. Doerfler, geb. 1938, studierter Diplom-Volkswirt und Politikwissenschaftler, gelernter Journalist und noch praktizierender Kommunikationsberater und Redenschreiber. Er lernte das Berufsleben bei internationalen Investitionsgüter- und Unterhaltungselektronik-Unternehmen, bei einer großen Werbeagentur und zwei Messegesellschaften kennen, bevor er sich 1985 als Kommunikationsberater für mittelständische Verbände und Unternehmen selbstständig machte und es bis heute blieb. Seit ein paar Jahren sind Fragen des Alterns in einer alternden Gesellschaft eines seiner Hauptinteressensgebiete.

INTERVIEW

Wie gereifte Persönlichkeiten den Nachwuchs fördern können

Altern als Chance, neue Verhaltensrollen zwanglos zu erproben

Ein Gespräch mit Helmut K. Doerfler

»Was einer an sich selbst hat, kommt ihm nie mehr zugute als im Alter.«

ARTHUR SCHOPENHAUER

Weshalb gehört zur Beschäftigung mit ethischem Konsum auch die Auseinandersetzung mit älteren Zielgruppen?

Für viele Trendforscher sind offenbar die »jungen Alten«[18] auf ihren demoskopischen Landkarten der Bedürfnisse noch immer terra incognita. Das überrascht, haben doch Marketing und selbst die aktuelle Produkt- und Dienstleistungswerbung hier zu Lande inzwischen die vielgenannte »Generation 50 +« neu entdeckt als dynamisch wachsende, kauf- und vermögensstarke Verbrauchergruppe. Diese zu ignorieren wäre in der Tat ein bisschen einfältig, sind doch die Zeitgenossen der Altersgruppe außerdem heute noch ziemlich vital, mobil und weltoffen und verfügen vielfach auch über die nötigen finanziellen Mittel für solcherlei Konsum.[19] Die heute im Durchschnitt noch ziemlich komfortable Rentenversorgung dieser Zielgruppe wird sich allerdings leider von Staats wegen bei der Generation der Babyboomer rasch und schmerzhaft reduzieren, was die private Altersvorsorge heute schon zu einem gewichtigen Dienstleistungsmarkt macht.

Sind die Zeitgenossen von der »65 Plus«-Generation dann eventuell aus Sicht der Meinungsforscher einfach zu blöd, um noch ordentlich – im Sinne der Produzenten und des Handels – zu konsumieren? Oder sparen sie zu viel, für ihre eigene Zukunft, für ihre Nachkommen, für andere Dritte? Oder schlimmer noch: Sind sie vielleicht zu total starrsinnigen Ideologen degeneriert, die mit modischem Konsum, mit Gesundheit, Reisen und Wellness überhaupt nichts mehr am Hut haben? Haben sie sich gar disqualifiziert für »ethischen Konsum«, weil die Altersgier ihr gesamtes soziales Denken und Handeln blockiert? Schwierige Fragen!

Im Dritten Alter lassen sich neue Denkweisen, neue Beziehungsformen und neue Verhaltensrollen zwanglos erproben und in die eigene künftige Lebensführung umsetzen. Individuelle Grenzgängerei also, bestenfalls mit kleinem emotionalen Gepäck. Die Reflexion über veränderte eigene Lebenskonstellationen im Alter kann aber auch zu Einsichten führen, die Konsumforschern und Marketingprofis nicht unbedingt behagen müssen. Die Einsicht, dass es im Alter Sinn machen könnte, jetzt im Wortsinn »einfach zu leben« (Anselm Grün). Die Einsicht, dass mit dem Weißwerden der eigenen Haare und in dem verstärkten Bewusstsein der eigenen Endlichkeit noch weitere individuelle Weisheiten reifen: Dass wir im Dritten Alter Zeit und Muße geschenkt bekommen, um tiefer über die eigenen Bedürfnisse und über persönliche Bedürftigkeit nachzudenken, über deren ethische und vielleicht sogar über deren spirituelle Dimensionen.

Nicht nur deshalb weil, wie der Volksmund sagt, »... das letzte Hemd keine Taschen hat«. Sondern auch, weil sich mitteilen und mit anderen teilen zu können im Alter auch zu mehr Loslassen, zu mehr Gelassenheit und damit vielleicht auch zu mehr innerem Frieden führen kann. Allerdings: Mit Biofleisch-, Biokleidungs- und sonstigem Wohlfühl-Konsum und mit einem jetzt »gefühlten« besseren Gewissen hat all das vermutlich nur sehr bedingt etwas zu tun, meine ich. Sondern eher auch mit einer gewissen Sättigung unserer Konsumansprüche im Alter und damit, dass wir nicht mehr ganz so manipulierbar sind durch Werbeimpulse, dass wir mit zunehmenden Jahren skeptischer werden können gegenüber Statussymbolen, gegenüber allgemeinen Fortschrittsversprechen, und kritischer werden können in unserem Urteil über verschwenderische Wachstumsideologien.

Sinnsuche also jenseits von banalem materialistischem Denken, damit zugleich auch mit einem geschärften Bewusstsein für Nachhaltigkeit und Produktqualität, eine individuelle Ethik der Selbstbeschränkung im Blick auf Vergeudung von natürlichen und der Ausbeutung von Arbeitskraft-Ressourcen. Vielleicht auch die Freude an »nutzlosen« Tätigkeiten um ihrer selbst willen, nicht für viel Geld oder mit viel Ehrgeiz: Solch' unkonventionelle Ethikideen mögen alternden Menschen schon eher einfallen als den jungen, wenn sie voraus denken an ihre persönliche Zukunft und nachdenken über vergangene, überholte Lebensziele.

Weshalb verläuft nicht gelebtes Leben – wie auch Goethes »wahlverwandte« Figuren erfahren mussten – in »totenhafter Zeit«?

Der Weimarer Dichterfürst hat ein für meinen Geschmack etwas seltsames Konzept vom Ordnen einer vollkommenen Beziehung, über das er in den »Wahlverwandtschaften« schreibt. Und zu Recht verwünscht Charlotte dort die »totenhafte Zeit« der Trennung und des Verzichts. Oder ist es etwa gar die

Unmöglichkeit selbst, nach einem erdachten Beziehungskonzept zu leben, das sich eben nicht – wie ein vollkommener Garten – planen und verwirklichen lässt?

Was verstehen wir denn überhaupt unter einem nicht gelebten und einem gelebten Leben? Wer liefert uns denn die rechten Maßstäbe für lebendige und totenhafte Lebensphasen? Und ist dabei die Retrospektive, also die bewusst gemachte Erinnerung, die richtige, die angemessene Perspektive? Es gibt in »Alexis und Dora« übrigens da ein anderes Goethewort: »Alle Gedanken sind vorwärts gerichtet, wie Flaggen und Wimpel; nur ein Trauriger steht rückwärts gewendet am Mast.«

Mit »totenhaft« meint der Weimarer Dichter vielleicht ganz einfach nur die vergangenen unachtsamen Momente und Lebensperioden. Und die sind leider bei den meisten von uns deutlich in der Überzahl. Aber im fortgeschrittenen Alter lernen eventuell dann manche von uns in der »60-Plus-Kohorte« doch noch, mit diesen Erfahrungen und mit den eigenen letzten Jahren etwas achtsamer und bewusster zu leben.

Kann sich nur jemand gelassen dem Alter hingeben, der seine Lebenszeit in allen Phasen intensiv genutzt und erlebt hat? Viele Menschen, die das nicht taten, darunter auch Sigmund Freud, sehen sich vor dem Problem, dass sie »in der Jugend nicht jung waren und jetzt, wo das reife Alter beginnt, nicht recht altern« können.

Ich hatte einen Frühfreudianer als Großvater, und das war pädagogisch für seine drei Töchter ziemlich katastrophal. Wir Alt-Achtundsechziger hingegen hatten es in der Pubertät ungleich weniger beschwerlich, mit der befreienden Parole »be now« im Ohr und mit der nötigen Distanz zur deutlich verklemmteren Eltern- und Großeltern-Generation, die noch heftig und oft lebenslänglich sich mit ihren ungelebten Sex- und Erotikbedürfnissen und mit anderen verpönten und verpassten Menschenfreuden herumplagte. Ja, ich denke, dass grosso modo unsere Generation die jungen Jahre – so wie unsere Kinder und Kindeskinder jetzt – in der Tat intensiver, sinnlicher und vor allem auch offener und befreiter leben und erleben durften als unsere direkten Vorfahren. Oder zumindest dafür die besseren Gelegenheiten hatte.

Jedoch: Wie viel Gelassenheit vermittelt uns das heute noch? Reifen wir deshalb denn friedlicher und gelassener? Man sagt ja, dass es vier Dinge gibt, die nicht zurückkommen: Das gesprochene Wort, der abgeschossene Pfeil, das vergangene Leben und die ver-

säumte Gelegenheit. Macht es uns heute entspannter und reflektierter, wenn wir zurückblicken auf diese sinnlichere Biografie, auf unsere wilde post-68er Zeit, sie uns nochmals anschauen, die »dürre Mumie der Erinnerung«?

Unser Hauptproblem dürfte es eher sein, in unserem (un-)reifen Alter eben nicht recht altern zu können oder zu wollen, obwohl wir in unserer Jugend doch ziemlich jung waren. Unsere voll liberalisierten, vielfältig hedonistisch geprägten und ziemlich raffgierigen, ego-verliebten westlichen Wohlstandsgesellschaften tun sich offenkundig schwer mit der wachsenden Zahl alternder Zeitgenossen. Und die tun sich häufig noch schwerer mit ihrem gesellschaftlichen und geistigen Umfeld, in dem der Jugendwahn herrscht und Anti-Aging zu einem der wirkungsvollsten Glücksversprechen von Pharmaindustrie und Schönheitschirurgen geworden ist.

Abschließend sei mir noch ein Kalauer erlaubt: Mit C. G. Jung zu altern, scheint mir erfreulicher zu sein als mit einem (freudlosen) Sigmund Freud auf dem Nachttisch.

Was können Führungskräfte von älteren Mentoren lernen?

Mentor – das war ein älterer Freund von Odysseus; als der in den Trojanischen Krieg zog, wurde Mentor der Berater und Beschützer von Telemachos, Odysseus' Sohn. In dieser »klassischen« Kriegszeit nahm auch die Göttin Athene gelegentlich die Gestalt Mentors an, um über Telemachos zu wachen. Damit hat die Sagenfigur auch unzweifelhafte weibliche Eigenschaften – ein interessanter Hinweis auf die komplexen Beziehungsformen zwischen Mentor und seinem Protegé auch heutzutage. Es ist dies die Rolle der älteren, der gereiften (weiblichen oder männlichen) Person, die als Ratgeber ihre Lebenserfahrungen und ihr Wissen – im Unternehmen, an der Hochschule, in der Politik – an den oder die Jüngere(n) weitergibt. Ihre Aufgabe ist es, über der beruflichen und der persönlichen Entwicklung ihres Protegés zu wachen und sie nach Kräften zu fördern. Häufig sind das heute auch Persönlichkeiten, die bereits ihre eigene berufliche Karriere erfolgreich abgeschlossen haben und jetzt an der Schwelle zum Ruhestand stehen oder bereits pensioniert sind.

Die besonderen Stärken solcher »Senior Consultants«: Sie sind zumeist nicht mehr fest eingebunden ins institutionelle Machtgefüge. Sie verfügen damit über die richtige, gelassene Distanz zu den Herausforderungen, den äußeren Zwängen und Abhängigkeiten,

die für jüngere Führungskräfte der ersten Lebenshälfte noch existenziell bestimmend sind: Das Entwickeln der eigenen Individualität und von passenden beruflichen und sozialen »Lebensmasken«, die Suche nach Anerkennung und persönlicher Bestätigung (neben dem profanen Gelderwerb und meist auch der Sorge für eine junge Familie), der eigene Karrieredruck und die vielfältigen Einengungen durch Konkurrenten und übergeordnete Machtpositionen.

Was dagegen idealerweise einen älteren Mentor auszeichnet – neben seinen beruflichen Erfahrungen und seinem Wissen – und für solche Beratungsaufgaben ganz besonders qualifiziert, ist sein vielfach erprobtes, stabiles Bewusstsein vom persönlichen Eigenwert, ist seine innere Autonomie und oft auch ein aufrichtiges Bekennen zum eigenen Selbst, zu seiner wahren inneren Identität. Und mit solchen Charakterstärken gewinnt er oder sie auch die Fähigkeit, dem Schützling zu vermitteln, wie sie oder er gelegentlich ein paar Schritte zurücktreten und Abstand nehmen kann von stressigen Alltagsproblemen. Und wie dieser jüngere Mensch auf solche Weise längerfristige Perspektiven für berufliche oder private Aufgaben herausfinden und dabei neue Prioritäten setzen kann. Zu den Aufgaben des Mentors gehört gleichrangig auch sein Beitrag zur geistigen Entwicklung der Persönlichkeit seines Mentee.

Wir können ferner ziemlich sicher davon ausgehen, dass sich speziell die Nachfrage nach befähigten älteren Mentoren für die qualifizierte Beratung von Führungskräften in den kommenden Jahren überdurchschnittlich erhöhen wird; Unternehmen also, die frühzeitig die Zeichen der Zeit erkennen, werden in besonderem Maße von diesem Trend profitieren.

3 Mehr als (eine) Mode: Green Chic und die Passion des Schöpferischen

Das Schöne und das Gute

Nachhaltige Werte und fairer Handel in der Modewelt

Von Alexandra Hildebrandt

Mit der Globalisierung und ihren Wertschöpfungsketten steht vor allem die Frage im Fokus, welchen ökologischen, ökonomischen und sozialen Herausforderungen wir uns zukünftig stellen müssen. Zudem werden börsennotierte Unternehmen heute verstärkt auch darüber bewertet, wie sozial, ethisch, ökologisch verantwortlich und gleichzeitig wirtschaftlich erfolgreich Produkte, Waren und Dienstleistungen produziert werden.

So bevorzugen auch Anleger immer häufiger Fonds, die in verantwortlich handelnde Unternehmen investieren. Allerdings haben diese Produkte nur dann gute Marktchancen, wenn bestimmte Voraussetzungen wie Transparenz und Nachvollziehbarkeit erfüllt sind, beispielsweise durch entsprechende Kommunikation und die Offenlegung einer nachhaltigen Wirtschaftsweise.

Zu den wichtigsten weltweit bedeutsamen Umweltaspekten zählen zum Beispiel neben dem viel diskutierten Klimawandel die globale Wirkung des Einsatzes gefährlicher Chemikalien, Schadstoffemissionen, Entwaldung, Süßwasserverschmutzung und der Verlust der Artenvielfalt. Diesen »nachhaltigen« Herausforderungen stellt sich aktuell auch die Welt des Designs und der Mode. Dabei kommt es darauf an, mit den Bedürfnissen der heutigen Generationen so umzugehen, dass künftige Generationen nicht gefährdet werden.

Motiviert durch den Erfolg kleinerer Öko-Labels ist grüner Lifestyle längst zum (nicht saisonalen!) Trend geworden, der auch von großen Textilunternehmen ernst genommen wird. Der bewusste Konsument möchte heute nicht nur die Welt retten, sondern sich wohl fühlen, gut sein im Sinne von nachhaltig handeln und dabei auch gut aussehen. Shopping hat eine politische Dimension bekommen. Wenn Geld die Welt regiert, dann regieren vor allem jene, die es ausgeben. Die Summe ihrer Kaufentscheidungen bestimmt den Markt.[20]

»Es ist sexy, die Welt verändern zu wollen«, sagte U2-Sänger Bono und setzte die Idee »gut aussehen und damit Gutes tun« selbst um: Erst hat er mit seinem Namen dem Label »Edun« zu Kultstatus verholfen und »eine umwelt- und sozialbewusste, aber dennoch ätherisch schöne Kollektion« kreiert, dann folgte das Bono-Bio-Label »Red«. »Ethics will be the next fashion accessory«, prophezeite vor einiger Zeit Peter Ingwersen vom dänischen Fair Fashion-Label »Noir«. Denn erst wenn ethische Ansätze fest im Bewusstsein der

Konsumenten verankert sind, ist in den Geschäften auch Raum für das Gewissen der Fashion Victims.

Das Designcenter Norintra House of Fashion in Hongkong hat soeben die erste Öko-Fashion-Kollektion für Business-Frauen vorgestellt – und zielt damit auf den Massenmarkt jenseits der kleinen Nischen. Norintra ist selbst ein Beleg dafür, dass der Trend in der Modewelt angekommen ist. Denn das Unternehmen entwirft Mode für Karstadt Warenhaus, Quelle und Neckermann. Mit seiner neuen Kollektion Norintra Pure Nature will es zeigen, dass sich Mode und soziales Gewissen sehr gut miteinander verbinden lassen. Man setzt auf ökologische Materialien und gutes Design und hat die mode- wie selbstbewusste Business-Frau von heute im Blick. Für seine Kollektion verwendet Norintra ausschließlich natürliche Materialien und verzichtet auf gesundheitsschädigende Stoffe beim Färben und Bleichen. Zum Einsatz kommen Baumwolle aus ökologischem Anbau, Bambus und Seide.[21] In den kommenden Saisons soll die Kollektion unter anderem um Designs in den Materialien Leinen, Denim und Wolle ausgeweitet werden – aus biologischer Produktion, versteht sich. Weitere Recherchen laufen bezüglich der Verwendung von Soja.[22]

Seit 2007 kooperiert Norintra mit der Initiative MADE-BY, die sich dafür einsetzt, dass Kleidung unter fairen Arbeitsbedingungen und mit minimalem Schaden für die Umwelt hergestellt wird. Das Konzept passe hervorragend zum Ansatz des Designcenters, betont Annett Koeman, die Leiterin von Norintra: »Dazu gehört, mit Lieferanten aus dem chinesischen Markt zusammen zu arbeiten. Bisher produzieren die meisten Organic Label in Peru, der Türkei oder Afrika. Wir sind in Hongkong mit Nähe zum chinesischen Markt. Daher liegt uns sehr daran, gemeinsam mit chinesischen Lieferanten dieses Thema hier voranzutreiben.« Bereits Ende 2007 wurden alle in Frage kommenden Fabriken besucht und vorab geprüft – so auch China Silk. Vor und während der Produktion der Norintra Pure Nature-Kollektion besuchten CSR-Teams und lokale Mitarbeiter von MADE-BY regelmäßig die Produktionsanlagen und kontrollierten die Einhaltung der Standards. Zudem setzte sich das Unternehmen dafür ein, dass China Silk an einem Aufklärungsprogramm über HIV und AIDS teilnimmt.

Kein Zweifel: Öko und eine neue Werte-Orientierung sind derzeit en vogue. Grün ist keine Marktnische mehr, sondern ein globaler und übergreifender Trend. Das Thema durchdringt derzeit alle Lebensbereiche, denn das Bewusstsein der Verbraucher, die sich für einen gewissenhaften »nachhaltigen« Konsum entscheiden, hat sich stark verändert. Die »Spaßgesellschaft« der Neunzigerjahre wurde abgelöst durch einen Wertewandel, bei dem es um »back to the roots« geht: Menschen suchen nach Sinnerfüllung auch beim Konsum. Dabei steht nicht mehr der Preis im Zentrum ihrer Wahrnehmung, sondern gute Qualität, die um ökosoziale Dimensionen erweitert wurde.

Annett

Koeman

Annett Koeman

Annett Koeman ist Director der Norintra Ltg. mit Sitz in Hongkong. Ihre berufliche Laufbahn begann sie im Jahr 1988 als Product Manager bei Levi Strauss Germany, verlegte aber schon bald ihren beruflichen Schwerpunkt in den fernen Osten, wo sie zunächst bei Seidensticker Hongkong, dann bei Hugo Boss Far East, Otto International Hongkong und bei der zur Otto Group gehörenden Together Ltd. leitende Managementpositionen bekleidete. Seit März 2007 leitet Annett Koeman das Designcenter Norintra House of Fashion in Hongkong.

Weitere Informationen:
www.norintra.com

Grenzgänger machen Mode von morgen

Im Norintra Designcenter entsteht nachhaltige Mode im Inspirationsfeld verschiedener Kulturen

Ein Gespräch mit Annett Koeman

INTERVIEW

Wofür steht Norintra House of Fashion? Und was macht es aus?

Norintra House of Fashion ist eine wichtige Schnittstelle zwischen Designern und Einkäufern, zwischen Theorie und Praxis, zwischen Kommunikation, Öffentlichkeit und Wirtschaft. Der Name des Designcenters steht für Aufbruch, Kreativität, Wandel und kulturelle Vielfalt.

Worin sehen Sie Ihre wichtigste Aufgabe?

Als Leiterin des Designcenters sorge ich für das richtige Umfeld, in dem sich die Kreativen entsprechend entfalten können. Zudem bin ich richtungweisende Impulsgeberin zu den aktuellen Trends, Informationslieferantin und Bindeglied zu unseren Anspruchsgruppen. Damit sich meine Mitarbeiter optimal einbringen und entfalten können, wird ihrer Kreativität bei Norintra genau der Rahmen gegeben, der notwendig ist, um bestmögliche Ergebnisse zu erzielen. Dabei führe ich sie so, dass sie das »Geführtwerden« nicht unmittelbar spüren und sich ganz auf ihre Arbeit konzentrieren können. Kreative sind in der Regel nämlich sensibler und für Außenwirkungen empfänglicher als andere Menschen – das sollte vom Management unbedingt berücksichtigt werden, denn Sensibilität ist genau die Stärke, die ihre Produkte so außergewöhnlich macht.

Wie kommunizieren Sie die aktuellen Trends und Entwicklungen nach innen und außen?

Jeder Interessierte erhält regelmäßig Updates – zum Beispiel Fashion Reports zum Saisonstart, monatliche Trend- und Store-Check-Reports sowie Informationen aktueller Entwicklungen von der Produktionsseite. Zudem beteiligen wir uns an konzernübergreifenden Kommunikationsprojekten, die den Dialog und die Toleranz zwischen den Kulturen im internationalen Kontext entwickeln und die ökonomische und sozial produktive interkulturelle Zusammenarbeit zwischen Unternehmensführung und internationalen Tochtergesellschaften unterstützen. Die Menschen, mit denen wir zusammen arbeiten, kommen beispielsweise aus England, Frankreich, Japan, den USA – wir sind weltweit vernetzt. Trotz kultureller Unterschiede müssen

alle eng miteinander arbeiten, und das auch noch über die verschiedenen Zeitzonen hinweg. Hier zeigt sich im Kleinen, dass sich Menschen durch die Globalisierung immer näher kommen.

Ihr Anspruch bei Norintra ist es, trendige Styles zu entwickeln, aber gleichzeitig darauf zu achten, WIE dies geschieht – es geht dabei also um eine nachhaltige Wertschöpfungskette?

Ja, wir wollen zeigen, dass Fair Fashion in der Branche ein ernst zu nehmender Markt ist, dass sie gleichzeitig cool, sexy und trendy sein kann, aber nicht inhaltsleer ist. Es geht um die »Tiefe« an der Oberfläche. Wie schon erwähnt, präsentierten wir kürzlich unsere Norintra Pure Nature-Kollektion. Aber erst, wenn Öko sexy ist, und auch das Styling den Kunden berührt, geht unser Konzept auf. Gutes Design und soziales Gewissen lassen sich sehr gut miteinander verbinden – das zeigt auch der große Erfolg bekannter Marken.

Ist es in Zeiten von »Geiz ist geil« nicht schwierig, diesen Anspruch zu vermitteln?

Es ist freilich ein Problem, wenn viele Konsumenten nach dem Motto einkaufen: »Hauptsache billig«. Die Käufer müssen wieder lernen, dass Qualität ihren Preis hat. Jeder hat eine moralische Verantwortung, sich darum zu kümmern, unter welchen Bedingungen Textilien hergestellt werden.

Ins Design eines Textils fließen etliche Faktoren mit ein: Ökonomie, Komfort, Markenidentität und Ökologie. Welche Bereiche bereiten Ihren Designern die größten Schwierigkeiten, weil sie die meisten Zugeständnisse verlangen?

Die Entwicklung der Materialien ist in den vergangenen Monaten sehr gut vorangekommen. So sind zum Beispiel Stoffe, die sich vorher kratzig und steif anfühlten, mittlerweile weich und fließend. Das war bis vor kurzem noch ein Problem, weil man Bio-Cotton-Materialien nicht mit Chemikalien behandeln kann. Die Industrie greift nun teilweise wieder auf alt bewährte Methoden zurück: zum Beispiel Waschen der Jeans mit Bimsstein. Damit erhalten wir genau den Washed-Look, den wir für eine modische Kollektion brauchen.

Über Design lässt sich nicht wirklich objektiv sprechen – vieles wird emotional entschieden. Können Sie dennoch sagen, was aus Ihrer Sicht gutes Design auszeichnet? Weshalb geht es über die reine Gestaltung hinaus?

Gutes Design verbindet globale und lokale Aspekte; es ist für mich eine Kombination von »Look«, »Tragekomfort« und »Easy care«. Wenn ich heute etwas kaufe, möchte ich toll aussehen, wenn ich das Stück trage, will ich mich darin wohl fühlen, und ich will es auch nach dem Waschen noch mögen.

Was macht einen guten Designer aus?

Er ist ein »Grenzgänger«, denn er muss bereit sein, mit seinen Partnern in der Entwicklung und Produktion die beste Lösung zu erkämpfen. Die Zusammenarbeit wird bestimmt von Achtung und Begeisterung. Er sollte Visionen haben und den Mut besitzen, das zu tun, woran er glaubt. Als Visionär sollte er aber auch fähig sein, um seine Ideen und Konzepte zu ringen. Er muss fähig sein, im richtigen Moment die richtige Strategie zu bestimmen. Obwohl Entwerfen eine sehr persönliche Angelegenheit ist, muss er kommunikativ sein und sich vernetzen können. Und er braucht Durchsetzungsfähigkeit. Er darf sich nicht nur selbst verwirklichen wollen. Die Produkte müssen zur Marke und der jeweiligen Zielgruppe passen.

Wie findet Norintra gute Designer? Wie bindet man sie ans Designcenter?

Das ist eine große Herausforderung unserer Personalabteilung. Viele Mitarbeiter kommen allerdings auf Empfehlung. Wenn wir zum Beispiel einen Designer aus England haben, sind wir in den dortigen Designerkreisen bereits bekannt. Auch unsere guten Kontakte zu Universitäten tragen dazu bei, Nachwuchskräfte rechtzeitig an uns zu binden. Wir fördern unsere Mitarbeiter durch spezifische Seminare (beispielsweise Fabric-Kurse, internationale Trendkurse und Shows), aber auch durch Trainings im sprachlichen Bereich. Designer mit einer ausgeprägten eigenen Handschrift, die zudem ein Interesse haben, ihre eigene Kollektion zu entwickeln, werden in ihrem Bestreben unterstützt und nicht gehindert: So dürfen sie ihre Kollektion für das Unternehmen entwickeln.

Talent trägt den Drang nach Erneuerung in sich. Deshalb sollten Unternehmen mehr über Talent in Erfahrung bringen und sich darüber Gedanken machen, wie man es erkennt und fördert. Was wird bei Norintra getan, damit die Designer ihr Talent bestmöglich entfalten können?

Sie arbeiten in einem schönen Umfeld und mit medialen Anregungen wie Fashion TV und MTV, Zeitschriften, Storechecks in den Fashion-Metropolen. Sie besuchen wichtige Ausstellungen über Kunst und Mode, schauen sich die neuesten Filme an. Wir bieten regelmäßige interne Schulungen und Informationen zu unterschiedlichen Themenschwerpunkten an – zum Beispiel Neuentwicklungen bei Stoffen, Information und Monitoring von Upcoming Designern. Zudem haben wir gerade eine Kooperation mit einer englischen Universität für Design gestartet. Die Studenten haben die Möglichkeit, bei uns Praktika zu machen: Sie arbeiten mit unseren Designern und Produktentwicklern direkt an den Kollektionen und lernen, wie Design in der Produktion umgesetzt wird.

Wenn ein Designer selbst nichts für das empfindet, was er entworfen hat, kann er dann die Leidenschaft anderer dafür wecken?

Nein, wer keine Emotion hat, ist leidenschaftslos und hat auch keine Kreativität. Jeder von unseren Designern arbeitet mit Herzblut an seinen Projekten. Wie sehr sie an ihren Entwürfen hängen, ist spätestens dann zu spüren, wenn die Designer ihre Produkte mit den Produktentwicklern umsetzen müssen, oder wenn die Kommentare vom Management Änderungen verlangen.

Das sind nicht immer angenehme Situationen, weil um jedes Detail im Design gerungen wird. Design ist eine sehr persönliche Angelegenheit – das heißt nicht, dass jeder Designer jedes einzelne Teil lieben muss und selbst tragen möchte. Das bedeutet allerdings, dass er im Designprozess eine starke Verbindung aufgebaut hat, in die Arbeit und Herzblut geflossen sind. Ein guter Designer verliert sich wie ein Künstler in seinem kreativen Tun.

Können sich die Designer darauf verlassen, dass das Management ihre Entwürfe rasch beurteilt?

Wir haben in der Abgabephase fast täglich Meetings. Die Division Manager Design und Product Development müssen ihre Tagesabläufe und Reisen entsprechend gestalten, so dass nichts aufgehalten wird. Es ist sichergestellt, dass immer ein Manager zur Abnahme bereit ist.

Fließt das Feedback von Mitarbeitern und Kunden, ihre Ideen und Vorschläge, in die Produktentwicklung mit ein?

Zwischen den Designern und Konsumenten gibt es eine Gemeinsamkeit: Sensibilität. Sie hat viel mit Mut und nichts mit Schwäche zu tun. Sie stärkt jeden, der über sie verfügt. Nur wer sensibel ist, kann etwas aufnehmen. Und wer etwas aufnimmt ist imstande, etwas zu bewegen. So ist die Antwort ein definitives »Ja«.

Ihr Team, bestehend aus internationalen Designern und Trendscouts, ist immer auf der Suche nach den neuesten Trends. Wie oft treffen Sie sich, um über aktuelle Trends, Modestile, Materialien und Technologien zu sprechen?

Wir treffen uns regelmäßig: mindestens wöchentlich oder unmittelbar, wenn aktuelle Themen anliegen – etwa, wenn jemand eine neue Kollektion mit bahnbrechenden Neuheiten herausbringt. Eigentlich wollen wir in Zukunft diejenigen mit den bahnbrechenden Neuerungen sein ...

Designerin Angel Wong (li.) und Annett Koeman (re.) während der Verleihung des Deutschen Kulturförderpreises in Berlin 2007

Im 17. Jahrhundert war Mode die Göttin des Scheins, eine Art Wahnsinn, dem sich niemand entziehen konnte, die Königin des gesellschaftlichen Lebens. Worin besteht für Sie der Sinn der Mode im 21. Jahrhundert?

Wir möchten unseren Kunden die Möglichkeit geben, sich selbst zu entfalten, zu verwandeln und ihrer eigenen Identität Ausdruck zu verleihen. Mode ist ein klares Statement – für oder gegen etwas. Man sieht das derzeit zum Beispiel sehr deutlich an der gesellschaftlichen Debatte um Green Glamour und Ethical Fashion. Das Thema liegt auch mir sehr am Herzen. Der Wandel von einem Nischenthema zum Mainstream ist weder zu übersehen noch aufzuhalten. So wie bei den Autos, die im nächsten Jahrhundert vermutlich ohne Benzin fahren werden, stehen auch wir im Fashion-Bereich vor einer immensen Herausforderung der Zukunft: ökologische und faire Kleidung zu produzieren, die dem Zeitgeschmack entspricht. Es kommt darauf an, die Welt im jeweils eigenen Umfeld mit kleinen Schritten zu verändern. Wenn wir die ersten Kilometer erst einmal hinter uns haben, fällt uns der Rest des »globalen Marathons« umso leichter ...

Sie haben einmal gesagt, dass der Zeitgeist in der Mode am offensichtlichsten demonstriert wird ...

Zu den bestimmenden Faktoren, die mit dem Zeitgeist verbunden sind, gehören Persönlichkeit und Charakter beziehungsweise Individualität. Das sieht man auch sehr gut am Erwachen der neuen Trendy-Öko-Labels. Es gibt Handelsunternehmen, die Prominente dafür bezahlen, dass sie für Fair Fashion werben, was einen gewissen Hype erzeugt. Dadurch ist es auch schick geworden, etwas für die Umwelt zu tun und sich durch den Kauf bestimmter Produkte zu seiner eigenen Verantwortung zu bekennen. Das Bewusstsein der Kunden wird auch künftig weiter zunehmen. Wer ein Öko-Label trägt, demonstriert seine Zugehörigkeit zu einer bestimmten Gruppe und zugleich, dass er sich als wesentlichen Teil eines größeren Ganzen versteht. Lifestyle und Haltung sind dabei untrennbar miteinander verbunden.

Sich mit Stil »auseinander« zu setzen, bedeutet auch, Themen, die sich scheinbar ausschließen, »zusammen« zu setzen. Von den Meistern des Stils lässt sich lernen, dass es möglich ist, sich auf den Grenzgang zwischen Gegenwart, Vergangenheit und Zukunft einzulassen. Weshalb bleibt Stil, während Mode vergeht?

Stil ist Ausdruck einer Haltung, die sich auf unterschiedliche Lebensbereiche erstreckt – einer davon ist Kleidung. Stil hat mit Sinn für Qualität zu tun und den Willen zur Individualität. Das Faszinierende am Stil ist, dass er gleichzeitig in Vergangenheit, Gegenwart und Zukunft beheimatet ist. Die Gegenwart bezieht sich auf das Jetzt, das dafür sorgt, dass die Kleidung nicht veraltet wirkt. Die Vergangenheit verweist auf zeitlose Basics. Sie zeigen, dass künstlerische Qualität nicht auf den reinen Neuigkeitswert zu reduzieren ist. Die Sieger der Zukunft zeigen in Richtung Avantgarde.

Pulsierende Vielfalt

In Hongkong schaffen junge Modedesigner mit Visionen und Mut etwas Neues

Von Carsten Stormer

REPORTAGE

Annett Koeman ist immer mittendrin und verliert doch nie den Überblick. Die Aussicht aus ihrem Büro über die Skyline von Hongkong Island ist atemberaubend. Beste Lage im Stadtteil Kowloon, One Peking Road, zwölfter Stock. Ein modernes Hochhaus aus Glas und Stahl. Nichts wurde hier dem Zufall überlassen. Der berühmte chinesische Feng-Shui-Meister Yeo hat Gebäude und Büros mitgestaltet. Damit die Energien fließen können und sich alle wohlfühlen. Kreativität, genau darum geht es hier bei Norintra House of Fashion. Annett Koeman, die Münchnerin, ist umgeben von 25 Kollegen, die meisten Chinesen, aber auch zwei Deutsche und eine Französin. Noch sind nicht alle Mitarbeiter eingetroffen. Die Designer und Trendscouts aus Amerika und England fehlen. Im Raum stehen Schaufensterpuppen, in rosa Seide gehüllt, Kleider aus der neuen Kollektion. Wortfetzen fliegen durch das Zimmer, exotische Farbnamen: Aurora Red, Oyster Grey, White Swan. Auf einem Glastisch stapeln sich Schnittmuster und Kataloge.

»Ja, das Kleid ist atemberaubend«, sagt Samy, die Französin. »Das würde ich auch tragen.«

»Nein, ich finde es zu männlich«, meint Angel, die Chinesin. »Das zieht keine Frau an.«

»Hmm, dieses Design wäre schön, hätte es nur eine Taille«, wirft Anne ein, die Deutsche. »Zu sehr Seventies, dies braucht mehr Global Chic. Sind die Achtziger nicht auch wieder im Kommen?«

Annett Koeman sieht zufrieden aus. Ein Brainstorming in ihrer Abteilung ist nicht nur ein fachlicher Austausch. Es ist auch ein Abtasten der Ästhetik des anderen, eine Annäherung der Kulturen. Ihre Mitarbeiter kommen aus England, Frankreich, Japan, den USA und aus allen Teilen Chinas. Und natürlich sind sie weltweit vernetzt. Gar nicht so einfach, trotz aller kulturellen Unterschiede zusammenzuarbeiten – »allein schon wegen der Zeitzonen«. Mindestens einmal wöchentlich treffen sich internationale Designer und Trendscouts, um über die neuesten Trends, Modestile, Materialien und Technologien zu sprechen.

Die Direktorin von Norintra House of Fashion, Annett Koeman, lebt seit 20 Jahren in Hongkong. Sie hat schon für Hugo Boss, Levi's und Otto gearbeitet. Seit dem 1. März 2007 leitet sie das Norintra-Designcenter in Hongkong. Hier wird Mode für den deutschen Markt designt, für Karstadt Warenhaus, Quelle oder Neckermann. Das Designcenter soll die Eigenmarken des Unternehmens zu echten Marken entwickeln. Das

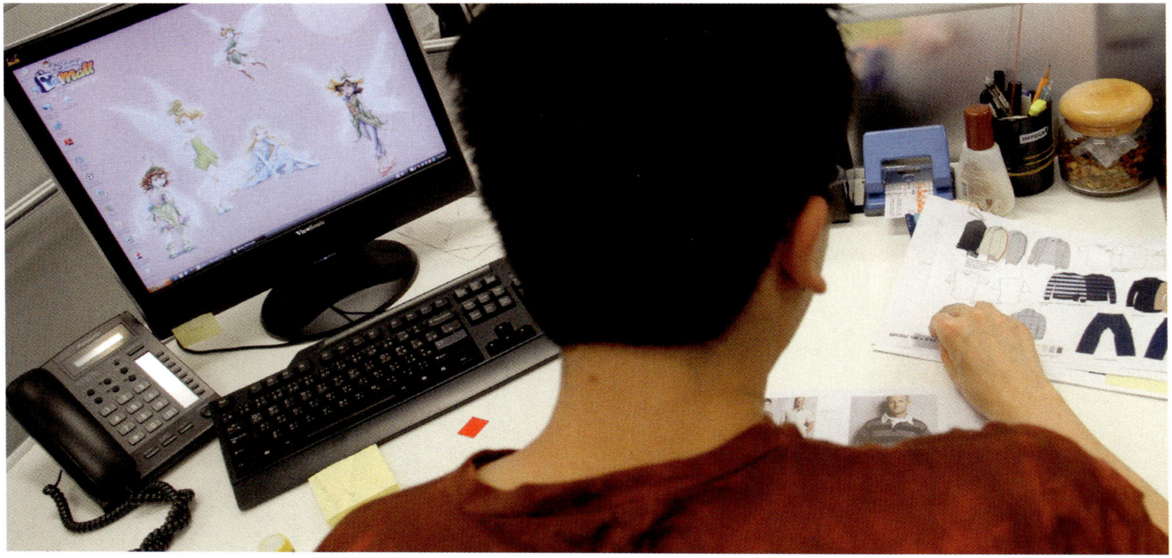

heißt, dass für alle Eigenmarken eine eigene Handschrift gefunden werden soll, ein Erkennungsmerkmal. Mode, mit der sich die Kundschaft identifiziert. »Wir wollen nicht, dass die deutschen Kundinnen zu Zara oder H&M um die Ecke gehen, um Trends zu entdecken, sondern wir wollen, dass sie zu Karstadt gehen, weil wir die tollen Marken haben.« Annett Koeman blickt aus dem Fenster, die Skyline ist von Smog und Regenwolken verschluckt. Sie überlegt. »Premium Label hört sich doch viel besser an als Eigenmarken!«

Hongkong ist für Annett Koeman der ideale Mode-Standort. »Schauen Sie sich doch nur die vielen verschiedenen Kulturen an, die hier zusammenarbeiten. Jeder bringt das Beste mit, Ausbildung, Erfahrung und das Gespür, am Puls der Zeit zu sein – und jeder lernt von jedem.« So wie Gai Me Wong, die von allen nur Angel gerufen wird, weil sie so ein »gutes Händchen und Auge« hat. Vor kurzem gewann sie den Young Fashion Award, einen Preis als beste Nachwuchsdesignerin. Oder ihre Kollegin Pui San, genannt Mike, die nur drei Stunden pro Nacht schläft und in Schnittmustern denkt. Oder die Französin, die von allen nur Samy gerufen wird, die vor zwei Jahren aus Paris nach Hongkong kam und sich ein Leben in Europa kaum noch vorstellen kann, »weil zu Hause alles ein bisschen langsamer vorwärtsgeht. Wenn überhaupt.«

Was einen guten Designer ausmacht? »Er sollte Visionen und den Mut besitzen, das zu tun, woran er glaubt. Obwohl Entwerfen eine sehr persönliche Angelegenheit ist, muss er kommunikativ sein und sich vernetzen können.« Aber er dürfe sich nicht ausschließlich selbst verwirklichen wollen, weil die Produkte zur Marke und jeweiligen Zielgruppe passen müssen.

Was im Norintra-Designcenter nach Spaß und Leichtigkeit aussieht, ist harte Arbeit, auf ein Ziel ausgerichtet: den strategischen Auf- und Ausbau der Arcandor-Eigenmarken, um mit konkurrierenden Labels mithalten zu können – oder sie zu übertreffen. Diese Konzepte zu entwickeln, das ist Annett Koemans Aufgabe.

Denn: »Markengestaltung ist nicht nur eine Designfrage, sondern auch eine Frage der Identitätsbildung. Eine Marke ist kein leeres Wertversprechen. Aus Kundensicht wird es künftig nicht mehr nur darum gehen, Kleidung zu kaufen, sondern sie von Brands oder einem Premium Label zu kaufen, die für etwas stehen.« Weil Identität auch von Marken abhängig ist. »Marken versprechen Prestige und transportieren Lifestyle.« Kreative Vielfalt ist zum Wettbewerbsfaktor geworden. Ständig muss man neuen Trends auf den Fersen sein: Öko oder moralischer Konsum. Für global agierende Unternehmen wird kulturelle Vielfalt immer wichtiger. »Denn Mitarbeiter und Kunden mit unterschiedlichem kulturellem Hintergrund muss man ansprechen und einbinden.«

Über Design oder Geschmack lässt sich nicht objektiv urteilen, sagt Annett Koeman. Weil es meistens eine emotionale Entscheidung ist. Mode ist ein ernst zu nehmendes Thema – sie kann »cool, sexy und trendy sein, aber nicht inhaltsleer«. So wird gerade an einer Ökokollektion für die breite Masse gearbeitet. Ein ehrgeiziges Projekt: eine Kollektion aus Biobaumwolle und zu Fair-Trade-Bedingungen. Aber »gutes Design und soziales Gewissen lassen sich gut miteinander verbinden«. Dabei hilft die kulturelle Vielfalt im Norintra-Designcenter. Sie birgt neue Ideen, Anregungen, um dieses Ziel zu erreichen, »weil jeder etwas Besonderes aus seinem Kulturkreis mitbringt«. Kulturelle Vielfalt erhöht Kreativität, Innovation und Kundenorientierung.

Auf Angel Wongs Schreibtisch stapeln sich Modezeitschriften – *ELLE*, *Cosmopolitan*, *Vanity Fair*; Magazine in deutscher, englischer oder französischer Sprache. »Wir haben Amerikaner, Engländer, Franzosen, Deutsche und selbstverständlich auch Asiaten aus Hongkong, Mainland China, Taiwan und Malaysia als Kollegen«, sagt sie. Je mehr Designer aus verschiedenen Kulturen zusammenarbeiten, desto besser: »Jeder hat eine andere Vorstellung von Ästhetik, jeder bringt etwas sehr Persönliches mit, seine Geschichte, seine Wertvorstellungen, seine Idee von Schönheit.«

Jeder darf seine Akzente setzen, aber entscheidend sei: Keiner dominiert die anderen. »Die Mischung ist das Wichtige«, erklärt die junge Designerin aus Hongkong. Angel Wong zeigt ein tailliertes Abendkleid, be-

stickt mit Perlen. Französischer Chic kombiniert mit asiatischer Eleganz, amerikanische Lockerheit gepaart mit deutscher Strenge. »Das alles in einen Topf und fertig ist das Norintra Fashion Menü!«, sagt ihre Chefin Annett Koeman. »Der Mix macht's.«

Denn gutes Design verbindet globale und lokale Aspekte. »Wenn ich heute etwas kaufe, möchte ich toll aussehen, wenn ich das Stück trage, will mich darin wohl fühlen und will es auch nach dem Waschen noch mögen.«

Im Hintergrund läuft auf einem Bildschirm Fashion TV. Internationale Models präsentieren in Rom Gewänder, die an indische Saris erinnern. Doch was Naomi Campbell oder Giselle Bündchen auf den Leib geschneidert bekommen, ist nicht unbedingt das, was sich auch verkaufen lässt. Wie also prägen die Mitarbeiter von Norintra ihren eigenen Stil aus tausend Stilen, der auch noch den Geschmack deutscher Frauen trifft? »Wir orientieren uns daran, was international gefragt ist«, sagt Annett Koeman. Ihre Design- und Modescouts tummeln sich auf den großen Modeschauen und Messen, spüren Trends auf, die sich wenige Wochen später im Katalog wiederfinden. »Unsere Leute sind auf der Höhe der Designer in New York oder London. Dafür sorgen unsere engen Kontakte mit Trendscouts und Designern in diesen Metropolen.«

Wenn sie von ihren Mitarbeitern redet, gerät Annett Koeman ins Schwärmen. Begeistert erzählt sie von den vielen Meetings, in denen gekämpft und diskutiert werde. »Jeder legt irgendwas auf den Tisch, je mehr Augen da sind, um zu bewerten, desto besser.« Und manchmal laufen Chefin und Angestellte sogar gemeinsam durch Hongkongs Straßen, auf der Suche nach neuen Ideen und Anregungen, um den Geist zu erfrischen und die Kreativität zu beflügeln. »Angel, hast du Lust, mitzukommen?«

Die beiden Frauen verlassen das klimatisierte Designcenter. Draußen schlägt ihnen das andere China entgegen, mit seiner Schwüle, dem Smog, den Essensdüften und Menschenmassen. Zwei Stunden spazieren die beiden Modespezialistinnen durch Hongkong, begutachten Farbmuster, Glasperlen, Seide und Spitze. Im Stadtteil Sham Shui Po reiht sich ein Stoffgeschäft an das nächste, Accessoireverkäufer buhlen um Kundschaft.

»Hier, diese Pailletten könnten doch wunderbar an einem deiner Kleider aussehen, was meinst du?« Sie sind so versunken in ihrer eigenen Welt, dass sie die Menschenmassen um sie herum gar nicht wahrnehmen. Die große Blonde und die kleine Dunkelhaarige, die gemeinsam kichern, wenn sie ein hässliches Stück Stoff sehen, über schlechte Qualität lästern und mit großen Augen auf schimmernde Seide starren. Sie wirken wie zwei kleine Mädchen, die zum ersten Mal in diese bunte, glitzernde Welt eintauchen. Erst als es zu regnen beginnt, erwachen sie aus ihrem Traum, setzen sich in ein Taxi und fahren zurück ins Designcenter – glücklich und inspiriert. Es ist sechs Uhr abends, und der Arbeitstag noch nicht zu Ende.

Angel Wong sei »ein Ausnahmetalent, ein Juwel«, sagt Annett Koeman, sie habe das »One in a million«-Syndrom. Eine aus einer Million. Denn in Sachen kreativer Ausbildung hängt Hongkong der Weltelite immer noch hinterher. »Die meisten unserer Designer stammen zwar aus Hongkong, Schanghai oder Taiwan, sind aber über viele Jahre im Ausland, bei namhaften Designern, ausgebildet worden. In England oder den USA, weil es in Hongkong noch keine vergleichbare Ausbildung gab. Das sind klasse Leute, die alles über Mode wissen.« Sie orientieren sich an Vorbildern wie Tom Ford, Vivienne Westwood oder Karl Lagerfeld. Oder an erfolgreichen Modelabels wie H&M oder Zara. Damit Profis heranwachsen können, unterstützt Norintra die Polytechnische Universität für Design in Hongkong mit gemeinsamen Workshops oder Praktikantenstellen. So lassen sich zugleich die besten Leute binden.

Am Abend streift Annett Koeman noch einmal durch die kleinen Boutiquen von SoHo und Sham Shui Po, Hongkongs In-Viertel mit Bars, aus denen leise Musik dringt. Es riecht nach Meer und Nudelsuppe. Autos und Taxis quetschen sich durch die engen Straßen, feuern ihre Hupen ab. Zwischen Moderne und Verfall hocken alte Chinesen mit langen, weißen Bärten und rauchen Pfeife. Ausländer in Designeranzügen hetzen durch die Gassen. »Das ist das Honkong, das ich liebe. Wo sich das alte mit dem neuen Asien vermischt.«

Hier kann sie in Ruhe abschalten, lässt sich inspirieren. Von einem Rock im Schaufenster, dem Schnitt einer Bluse, Accessoires. Die meisten Besitzer kennt sie mit Namen. Vor einer Boutique mit dem Namen »Eccentricate« bleibt sie stehen. Drinnen steht ein Nachwuchsdesigner, Anfang 20. Er begrüßt Annett Koeman mit Küsschen. Und unterhält sich über die neuesten Trends aus Mailand, New York und London. »Ich habe gehört, dass in London bei Männern jetzt kurze Hosen und Sandalen in sind«, erzählt Annett Koeman kopfschüttelnd. »Das muss ja schrecklich aussehen«, sagt Kevin, der Designer.

Der Stau in den Straßen hat sich aufgelöst. Auch für Annett Koeman geht der Tag zu Ende. Morgen warten wieder unzählige Meetings und neue Projekte auf sie. Wie schafft man es eigentlich, jeden Tag aufs Neue kreativ zu sein? »Eigentlich ganz einfach«, sagt sie. »Ich liebe diesen Beruf. Ich möchte nichts anderes machen. Das ist Motivation genug.« Dann steigt sie in ein Taxi. Feierabend.

Ohne Leidenschaft geht nichts

Die Modewelt lebt von Intuition und Emotionen

Von Ute Stark

Kreativität in der Mode ist die Kunst und Intuition, verkaufsstarke Sortimente zu erstellen, umzusetzen und zum richtigen Zeitpunkt auf den Markt zu bringen. Mein Team und ich sind permanent auf der Suche nach Innovationen, um die Attraktivität des Kataloges zu erhöhen, denn der Stationärhandel wird immer schneller in den Kollektionserstellungen. Durch die Katalogprozesskette muss das Sortiment neun Monate vor Katalogstart erarbeitet werden. Nur mit Kreativität, die ohne Leidenschaft und Emotionen nicht denkbar ist, können wir uns den Herausforderungen für die Zukunft stellen.

Derjenige, der das kreativere Team vereint, wird auch bessere Ergebnisse liefern können. Meine Aufgabe als Einkaufsleiterin ist es, dem Team die notwendige Motivation zu geben und seine Kreativität herauszukristallisieren. Kreative Mitarbeiter gehen mit der Zeit, sind aufgeschlossen und ideenreich. Die Tätigkeit als Zentraleinkäuferin hat mir gezeigt, wie wichtig es ist, immer der Zeit voraus zu sein. Das bedeutet:

- ein Gespür für die zukünftige Entwicklung in sich zu tragen
- Muster, Zeitschriften, Boutiquen, Schaufenster, das Internet als Inspiration zu verwenden
- begehrenswerte Produkte zu schaffen
- Veränderungen in der Mode schnell zu erfassen
- selektiv zu beobachten
- eine hohe Vorstellungskraft und ein kommerzielles Vorstellungsvermögen zu haben
- sich durch neue Farbkombinationen inspirieren zu lassen
- aus Erfolgen und Misserfolgen zu lernen

Peter

Peter Prix

Peter Prix, geb. 1952, machte seine Ausbildung zum Fotografen in Regensburg. Abschluss als Kammersieger. Von 1972 bis 1973 war er Assistent von Willi Moegle (Stuttgart-Leinfelden) im Bereich Produkt- und Werbefotografie, anschließend bis 1978 angestellter Modefotograf (Fotostudio Bauer, Karlsruhe).
Von 1978 bis 1994 arbeitete Peter Prix als selbstständig freischaffender Fotograf in Karlsruhe (Schwerpunkt Mode, nationale und internationale Kunden).

Im Dezember 1994 wurde das Unternehmen an Mitarbeiter verkauft. Seit 1995 selbstständiger Fotograf mit Spezialisierung auf hochwertige Fotoproduktionen und Ausstellungen.
2001 Kodak-Kalenderpreis mit dem Golfkalender »Algarve« (Team »GREEN edition«). Diverse Ausstellungen.

Positive Einstellung zum Leben

In der Modefotografie zählen die eigene Handschrift und die Inszenierung verführerischer Lebenswelten

Ein Gespräch mit Peter Prix

INTERVIEW

»Was man verwechseln kann, darauf ist wenig Verlass. Diese Schönheit des Durchschnitts, des ersten Blicks, des Musters, ist eine flirrende Fata Morgana. Wer sie fassen will, greift ins Leere.«[23]

WOLF LOTTER, JOURNALIST

Der Künstler und Mäzen F.C. Gundlach, dessen Modefotografien der 50er bis 70er Jahre zu Ikonen geworden sind, hat in seinen Bildern immer mehr abgebildet als nur Frauen und Kleidung. Seine Arbeiten setzten sich immer auch mit gesellschaftlichen Phänomenen auseinander: Modefotografien, sagt er, »sind Interpretationen und Inszenierungen. Sie reflektieren und visualisieren den Zeitgeist. Sie bieten Projektionsflächen zur Identifikation, aber auch für Träume, Wünsche und Sehnsüchte.«[24] Entspricht das auch Ihrem Verständnis von Modefotografie?

F.C. Gundlach bringt es auf den Punkt: Es ist schwierig, etwas Neues zu formulieren, da es in wunderbarer Weise und völlig zeitlos definiert, was gute Modefotografie ausmacht.

Der Trendforscher Prof. Peter Wippermann ist der Meinung, dass sich die Frauen jetzt nach einer langen Orientierungsphase an maskulinen Leistungsdaten wieder auf feminine Werte besinnen. Für ihn ist das weibliche Selbstdesign »natürlich, selbstbestimmt und effizient, aber gleichzeitig märchenhaft und verführerisch«. Wie sieht aus Ihrer Sicht als Modefotograf das Modebild zum aktuellen Lebensgefühl aus?

Die moderne Frau entwickelt in ihren Lebensphasen sehr selbstbestimmt ihren eigenen Stil. Sie lebt ihre eigenen Lebenswelten und kleidet sich privat und geschäftlich in entsprechender Weise. Vielleicht wählt sie das strenge Business-Outfit, und in ihrer Freizeit gibt sie sich betont romantisch, leger oder auch verführerisch. Das aktuelle Lebensgefühl wird natürlich stark von äußeren Einflüssen mitgeprägt, und so entwickelt jeder Typ Frau ein neues, für sie aktuelles modisches Lebensgefühl.

Was macht Ihrer Meinung nach einen guten Modefotografen aus?

Um überzeugend zu sein, sollte er ein sicheres Gespür für die Aufgabenstellung besitzen. Er muss seine Bilder im Geist vorplanen und beim Shooting intuitiv sein.

Wie kamen Sie zur Modefotografie, oder wie kam die Modefotografie zu Ihnen?

Die Faszination für die Fotografie begann bei mir mit sechs Jahren. Damals musste mein Fahrrad, eine Pfütze oder ein Baum als Motiv herhalten. Später in der Foto AG meiner Schule waren meine Mitschülerinnen die ersten Models für Modeartikel in der Schülerzeitung. Die Modefotografie stand immer im Mittelpunkt meines beruflichen Denkens.

Ist ein Modefotograf selbst Moden unterworfen?

Natürlich lebt ein Modefotograf von den Trends, aber er sollte selbst seine Handschrift bewahren.

Weshalb hat Stil mit Kultiviertheit und Individualität zu tun?

Die Vielfältigkeit der Mode würde genügend Möglichkeiten bieten, um sich stilvoll einzukleiden. Leider haben nicht alle den kultivierten Geschmack.

Weshalb soll Mode die Person unterstützen und nicht umgekehrt?

Verfeinert ausgedrückt: »Kleider machen Leute«. Es gibt nichts Schöneres, als durch seinen eigenen Stil, unterstützt durch die aktuelle Mode, ein selbstsicheres und geschmackvolles Äußeres zu inszenieren.

Welche Grenze sollte ein Modefotograf niemals überschreiten?

Die Modefotos sollten phantasievoll und anregend, aber niemals geschmacklos sein.

Weshalb muss eine Kollektion, wenn sie das Publikum erreichen soll, auch fotografisch inszeniert werden?

Der Mensch wird von Bildern überflutet. Nur durch inszenierte und außergewöhnliche Fotos kann der Betrachter erreicht werden.

Was bedeuten für Sie Nähe und Distanz? Wann haben Sie das Gefühl, dass Ihnen jemand zu nahe kommt und eine Grenze überschreitet?

Nähe ist für mich blindes Verstehen, Spüren und Fühlen ohne Worte. Distanz lässt mich nicht teilhaben, lässt mich unberührt.

INTERVIEW

Wann ist Modefotografie für Sie beseelt?

Immer dann, wenn alle Mitwirkenden ihr ganzes Gefühl mit einbringen.

Wim Wenders sagte einmal über Peter Lindbergh, dass sich die Seele eines Fotografen in jedem seiner Bilder zeigt. Können Sie das unterschreiben?

Besser kann man es nicht ausdrücken.

Wie würden Sie Ihr Atelier beschreiben? Welche Geschichte ist damit verbunden? – Der Modemacher Helmut Lang beschrieb das Atelier an sich als »ein Fenster in die Seele von künstlerischer Zwanghaftigkeit, von Entschlossenheit und Selbstzweifel« ...

Das Atelier bietet mir den Raum und die gestalterischen Mittel, das Foto entstehen zu lassen. Die Atmosphäre des Studios überträgt sich auf das Bild.

Macht Modefotografie das Subjekt zum Objekt?

Das kann man so sagen. Ich versuche immer, das Äußere mit dem Inneren zu verschmelzen, um so ein Objekt der Begierde zu schaffen.

Was macht für Sie ein gutes Motiv aus?

Ein gutes Motiv kann aus allen Bereichen kommen. Ein Wald, eine Landschaft, ein Mensch, egal was, es liegt immer an der individuellen Sichtweise des Fotografen.

Was ist das Faszinierende an Abendmode? Die stoffliche Symbiose von Emotion und Leidenschaft?

Abendmode ist der Inbegriff von vollendeter Dekoration des eigenen Ichs. Ein tiefes Dekolletee, ein tief ausgeschnittener Rücken, alles leidenschaftliche Tribute für einen besonderen Abend. Es ist nicht wie beim knappen Bikini, der Stoff des Kleides verdeckt und öffnet an anderer Stelle die Sicht auf erotische Formen. So entsteht zusammen mit den vielen Details des gesamten Abendkleides und der Anmut der Bewegung eine Harmonie, die unbeschreiblich ist.

Wenn Sie das Top-Model Petra Nemkova beschreiben müssten – welche Attribute verbinden Sie mit ihr? Was macht ihr Wesen aus? Und wie gelingt es Ihnen, es bildlich festzuhalten?

Petra hat trotz ihrer schrecklichen Erlebnisse beim Tsunami 2004 in Phuket und dem damit verbundenen tragischen Tod ihres Verlobten Simon Atlee eine gläubige und positive Einstellung zum Leben bewahrt. Sie strahlt über ihre wunderschönen Augen von innen eine Heiter-

Das Top-Model Petra Nemkova in der Kollektion Norintra Pure Nature.

keit und Natürlichkeit aus, die einmalig ist. Zudem wirkt sie auf mich sehr sinnlich. Beim Shooting bringe ich lediglich ihr Wesen voll zur Geltung. Sie ist natürlich, warmherzig und ohne Allüren.

Was meinen Sie mit »großzügig« – dass Sie viel von sich selbst preisgibt? Worin spiegelt sich das »Selbst-Bewusstsein« auf den Fotos wider?

Ihre Großzügigkeit zeigt sich nicht nur durch ihre süßen Überraschungen, die sie zum Shooting mitbringt. Sie ist durch ihren Happy Hearts Fund sehr engagiert, um Not leidenden Kindern zu helfen. Das ist einfach beeindruckend. Dieses großartige Wirken gibt ihr sicher die Kraft und das Selbstbewusstsein, das sie in ihrem Modeljob widerspiegelt.

Weshalb ist Petra Nemkova keine »Leerstellenschönheit«, die sich beliebig füllen lässt?

Petra ist eine Vollblutfrau und weit von einem »Kleiderbügel-Model« entfernt. Sie liebt ihren Job und zeigt sich animativ und authentisch. Der Betrachter wird von ihrer Ehrlichkeit in den Bann gezogen, und die Kollektionen, die sie präsentiert, werden dadurch auf natürliche Weise verkörpert.

Welche Rolle spielt der Blick des Modefotografen beim Shooting? Wie viel Distanz und Nähe zum Model sind nötig, um den gewünschten Bildeffekt zu erzielen? Peter Lindbergh sagte einmal: »Meine Angst ist, eines Tages eine Frau so anzugucken, wie du einen Ascheimer anschaust.« Ist emotionales Berührtsein also eine Voraussetzung, um der eigenen Rolle als Mittler zwischen Model und Bildbetrachter gerecht zu werden?

Grundsätzlich wird immer vor Beginn des Shootings im Team – und vor allem mit dem Model – die gewünschte Ausdrucksform besprochen. Es bedarf einer gewissen positiven »Spannung« zwischen Model und Fotograf, um hochkonzentriert und trotzdem emotional das für den Bildbetrachter so außergewöhnliche Foto zu machen.

Welche Rolle spielt beim Fotoshooting die Improvisation?

Natürlich plane ich die Bilder im Voraus. Dennoch versucht das ganze Team, spontan zu sein und Ideen sofort aufzunehmen. Die Improvisation beim Shooting ist wie das Salz in der Suppe. Mit Petra fällt es besonders leicht, weil sie sehr offen und kreativ mitwirkt.

Was ist in der Modefotografie wichtiger: das Kleidungsstück oder das Model? Oder gibt es das perfekte Foto nur durch die gelungene Kombination von beiden?

Das richtige Model ist die Voraussetzung, um zusammen mit dem Kleidungsstück authentisch zu wirken.

Können Sie die vollkommene Symbiose zwischen Model und Kollektion beschreiben?

Zur vollkommenen Symbiose zwischen Model und Kollektion gehört für mich das natürliche Zusammenspiel beider Teile, so dass der spätere Betrachter das Foto als authentisch wahrnimmt.

Frisch verliebt

Von Kreativität, Träumen und explodierenden Ideen

Von Hilka Rösner

Voraussetzung für Kreativität sind Weltoffenheit, Flexibilität, Gedankenspiele, Experimentierfreude, Toleranz, Lebendigkeit, Mut, Neugier, vorurteilsfrei zu sein und eine Prise Humor dazu. Kreativität entsteht auf Reisen, bei neuen Bekanntschaften – frisch verliebt –, Schicksalsschlägen, in der Nacht, aus Langeweile, indem man Dinge mit anderen Augen wahrnimmt, an Träume glaubt, die Welt in all ihren Facetten erkundet.

Eine freie Erziehung ist ein wichtiger Grundbaustein für Kreativität. Wird dem Kind alles zugeschoben, lernt es nicht, eigene Lösungsansätze zu entwickeln. Wird ihm eingeredet: »So und nicht anders«, bleibt es in seiner Gedankenwelt starr und verängstigt. Oder es rebelliert, was im Hinblick auf die Entwicklung von Kreativität von Vorteil wäre. Selbstständiges Denken muss demnach gefördert werden. Das wird allein schon dadurch angeregt, dass man Kinder selbstständig arbeiten lässt und ihnen nicht bei jedem kleinen Fehler den richtigen Weg zeigt. In jedem Menschen steckt eine kreative Ader, sie muss nur aktiviert und angeregt werden.

Der Prozess von der Entwicklung einer Idee ... verträumt und wach betrachte ich mir die Gegend ... es macht ... Zack ... ganz plötzlich ... es kribbelt ... es kribbelt immer stärker ... ich werde unruhig ... mein Stift in der Hand wird wild hin und her geschwungen ... dies zwingt mich, meine explosiven Ideen niederzuschreiben, sie zu zeichnen ... jetzt ... sofort ... es gibt keinen Block, keine Barriere ... nur eine unendlich starke Energie und Kraft und Power ... die Idee wird immer größer, phantasievoller ... wie eine Explosion ... wie ein brausender Wellenstoß ... Adrenalinausstöße ... noch mehr Adrenalinausstöße ... Hochgefühl ... tanzen ... lachen ... freuen ... ein Gefühl von Stolz setzt ein!

Annette

Roeckl

Annette Roeckl

Annette Roeckl, geb. 1967, Geschäftsführerin der Roeckl Handschuhe & Accessoires GmbH & Co. KG in der sechsten Generation. Ihr jüngerer Bruder Stefan führt die Roeckl Sport-Handschuhe GmbH & Co. KG. Seit 1839 ist der Name Roeckl untrennbar mit Handschuhen und mit München verbunden. Das Unternehmen, europäischer Marktführer der Branche, konzentrierte sich von Beginn an auf die Herstellung edler Handschuhe für die gehobene Gesellschaft.

Als Königlich-Bayerischer Hoflieferant zählte es auch König Ludwig II. und die spätere Kaiserin Sissi zu seinen Kunden. In den vergangenen Jahrzehnten wurde die Produktpalette erweitert auf Strickaccessoires, Sporthandschuhe sowie die Roeckl Tuchkollektion. Die Modestadt München bleibt für das Unternehmen der ideale Standort. Die Zentrale befindet sich im Münchener Süden am Roecklplatz.

Weitere Informationen:
www.roeckl.com

Hingabe an das Besondere

Wie Unternehmer mit Passion und Mut zum Risiko Werte schaffen können

Ein Gespräch mit Annette Roeckl

INTERVIEW

»Der Name ist ein Stück des Seins und der Seele«, befand Thomas Mann. Gilt das auch für Sie?

Der Name steht für eine Person, für ein Unternehmen, für eine Marke, für eine Tradition. Bei mir kommt dies alles zusammen: Ich bin Namensträgerin, Unternehmerin, Nachfolgerin in der Familiendynastie in sechster Generation. Mein Anspruch an die Vertrauenswürdigkeit, die Qualität und Kompetenz von Roeckl ist hoch – persönlich wie unternehmerisch ist dies Freude und Verpflichtung gleichzeitig. »Der Name Roeckl verpflichtet«, hatte mein Großvater uns Kindern mitgegeben – ich sehe es ebenso.

Haben Qualität und Preis in einer globalisierten Wirtschaft noch Zukunft?

Bei unseren Produkten findet der Kunde Werthaltigkeit, Substanz, Nachhaltigkeit: von Hand und mit Hinwendung gemacht – und vor allem: mit Zeit. All diese Eigenschaften sind heute echte Luxus-Werte. Nicht zuletzt bietet Qualität Orientierung und Sicherheit – im Dschungel der Überangebote unserer Zeit ist das eine Wohltat.

Inwiefern können Qualität und Design eines Produkts die persönliche Lebensqualität bereichern?

Werthaltigkeit bereichert immer. Qualität in Verarbeitung, Wahl der Materialien und Design zeigt sich im Produkt – und es bereichert, sich mit schönen und hochwertigen Produkten zu umgeben, an denen man sich freuen kann. Das Gefühl und das Wissen, sich etwas Gutes zu tun, sich mit Schönem zu schmücken, steigern das Wohlbefinden, den Selbstwert und die Lebensfreude.

Bieten Ihre Produkte dem Verbraucher neben Funktionalität auch einen emotionalen Mehrwert?

Der Kunde weiß, dass die Produkte von einem Familienunternehmen stammen, das sich seit fast 170 Jahren konsequent der Herstellung hochwertigster Handschuhe und Accessoires verschrieben hat. Der faktische und emotionale Mehrwert schwingt mit in der Tradition des Unternehmens. Und der Kunde weiß auch, dass er ein Premium-Produkt kauft. Auch dieses Wissen erzeugt einen emotionalen Mehrwert.

Bob Haas, Chairman von Levi Strauss, sagte einmal: »Es gibt zwei wesentliche Dinge: Das erste ist der Wert der Menschen, und das zweite ist die Bedeutung von Werten im Unternehmen.« Welche Werte können Menschen helfen, ihren Beruf gut auszuüben?

Essentiell ist für mich die Qualität des Umgangs miteinander im Unternehmen: frei von Dünkel und Hierarchie, mit viel Wertschätzung, Respekt, Achtung, Wohlwollen und mit Interesse an jedem einzelnen Mitarbeiter. Dies ist die Kultur bei uns im Hause, und dies entspricht auch sehr meiner eigenen Wertestruktur. Im Team mit den Menschen hier im Unternehmen zu arbeiten, gerne zusammen zu arbeiten, auch Spaß miteinander zu haben, gemeinsam Herausforderungen zu meistern und auch mal angespannte Situationen zu überstehen, das stellt für mich persönlich einen wesentlichen Wert, auch meiner Arbeit als Unternehmerin, dar. Ich meine, dass Großes nur gemeinsam geleistet werden kann – und wenn diese Teampower lebendig ist, kann wirklich Überraschendes geleistet werden.

Kann die Vertrauenswürdigkeit Ihres Unternehmens als wesentlicher Teil seines Kapitals angesehen werden?

Ja. Produkte der Marke Roeckl tragen das Leistungsversprechen von bester Qualität. Die Kunden haben großes Vertrauen, hier Produkte exzellenter Qualität zu erhalten. Es ist unsere wesentliche Verantwortung, diesem Versprechen und Anspruch jederzeit nachzukommen und immer dafür zu sorgen, dass eine stetige Weiterentwicklung erfolgt. Die Nachhaltigkeit dieser Verpflichtung hat dafür gesorgt, dass Kunden erhebliches Vertrauen in die Produkte der Marke setzen. Somit sind dieses Vertrauen der Kunden und die Vertrauenswürdigkeit des Unternehmens ein wesentliches Kapital.

Wie gelingt es Ihnen, spezifisch menschliche Potenziale wie Innovationskraft, Engagement, Flexibilität, Partnerschaftlichkeit, Fairness, soziale Kompetenz, Integrität, Kreativität sowie Verlässlichkeit der wechselseitigen Handlungs- und Verhaltenserwartungen immer wieder neu zu erschließen?

Die Kultur und Haltung im Unternehmen, die Ausrichtung und die Vision des Unternehmens, seine Ziele müssen klar kommuniziert und eindeutig verstanden sein. Auf dieser Basis kann ich Vertrauen in meine kompetenten Führungskräfte setzen. In dieser vertrauensvollen Zusammenarbeit und in diesem klaren Rahmen haben die Führungskräfte und Mitarbeiter den Raum, die Freiheit und Verantwortung, sich aktiv einzubringen. Im Werteverständnis des Unternehmens ist jeder Mitarbeiter mit seinem persönlichen Engagement wichtig und beitragend. Durch die im Unternehmen gelebten Werte existiert eine Kultur, die das Handeln der Mitarbeiter prägt und innerhalb derer intuitive Sicherheit das schnelle Fällen von Entscheidungen begünstigt.

Zunehmend wird unternehmerisches Verhalten von der Öffentlichkeit daraufhin geprüft, ob ein verantwortliches Management erkennbar ist, das langfristig die Unternehmenszukunft sichert und vor Reputationsrisiken schützt. Wie gewährleisten Sie, dass der hohe Qualitätsmaßstab von Roeckl durch die gesamte Wertschöpfungskette getragen wird?

Soziale Fairness ist Voraussetzung für die Zusammenarbeit mit unseren Lieferanten. Roeckl bietet hochwertige Produkte an, die mit sozialer Verantwortung produziert werden. Wir pflegen langjährige, stabile Beziehungen zu unseren Produktionsstätten, sind in engem Kontakt mit diesen und sind regelmäßig vor Ort, so dass wir hierüber auch Sicherheit haben. Durch diese intensive Kooperation und die häufige Präsenz vor Ort sind wir in der Lage, unseren hohen Qualitätsstandard zu sichern.

Jede Veränderung beginnt mit einer Vision und einer Entscheidung zu handeln. Ist es deshalb für Sie auch und gerade in Krisenzeiten wichtig, eine Vision zu haben?

Ja. Ich will und ich muss wissen, was ich will, wohin ich gehe, warum ich das mache, was ich mache. Eine Vision gibt Kraft und Mut. Manchmal sind Visionen brillant-klar, aber es gibt auch das Stadium, in dem die Vision eher intuitiv ist, aber nicht weniger stark. Für die Unternehmensführung ist es wichtig, die intuitive Vision klar ins Bewusstsein zu bringen und zu formulieren.

Was macht Sie zur Grenzgängerin?

Die Tatsache, dass ich mich zwischen einer alten Firmen- und Familientradition und den Anforderungen der Zukunft bewege – also die Aufgabe, das Unternehmen auf fundamental veränderte globale Verhältnisse auszurichten. Als allein erziehende Mutter bin ich aber auch Grenzgängerin zwischen Mutterpflichten und den Anforderungen, Herausforderungen, Pflichten und Wünschen als Unternehmerin. Grenzgängerin bin ich aus Überzeugung: Ich glaube an Entwicklung. Grenzsituationen und Krisen sind eine intensive, wenn auch schwere Schule. Und nicht selten sind sie die Punkte im Leben, die zur Entwicklung hin zu einer anderen Stufe oder Dimension beitragen. Es ist wichtig, Krisen und Grenzsituationen zu bejahen und in allem nach Sinn und Entwicklungspotenzial zu suchen. Und: Mut zu haben, Verantwortung zu übernehmen, sich nicht beirren zu lassen, an eine Vision und sich selbst zu glauben und bereit zu sein, die Regeln zu brechen und Neuland anzustreben.

Werden Businessfrauen auch daran gemessen, ob sie genügend »männliche« Eigenschaften imitieren?

Vordergründig gesehen manchmal schon, wenngleich dies sicher abhängig ist von Branchen, Märkten und Unternehmensformen. Eine pauschale Antwort kann ich hierzu allerdings nicht geben. Auf den »zweiten Blick« betrachtet werden die »typisch weiblichen« Eigenschaften von Frauen – zum Beispiel hohe Integrationsfähigkeit, Teamorientierung, vernetztes Denken und Handeln, die Bereitschaft, sich voll zu engagieren, das Integrieren von Intuition und Gefühl sowie Sozialverantwortung – sicherlich auch in ihren hervorragenden, erfolgreichen und zielführenden Business-Eigenschaften wahrgenommen.

Da die Führungsebenen im Business überwiegend von Männern besetzt sind, werden solche männlich besetzten Runden natürlich auch von männlichen Eigenschaften dominiert. Souveräne Unternehmer und männliche Manager erlebe ich allerdings als offen gegenüber Frauen im Geschäftsleben.

Bedeutet Ihnen Ihre Arbeit auch Sinn im Leben?

Ich bin davon überzeugt, dass man das, was man macht, gern und aus Überzeugung tun sollte. Insbesondere, wenn man – wie ich es bin – in der Lage ist, sich aus freien Stücken für seine Tätigkeit zu entscheiden. Meine Arbeit als Unternehmerin bietet mir einen spannenden und verantwortungsvollen Tätigkeitsrahmen und Wirkungsradius. Das verleiht meiner Arbeit Sinn und macht mir Freude.

Entscheiden Sie eher instinktiv?

Ja, jede Entscheidung basiert für mich auf zwei Ebenen: zum einen ist da die Ebene der Fakten. Sie ist eine wichtige Grundlage, die sorgfältig eruiert und geprüft werden muss. Aus den Fakten ergibt sich zumeist eine Entscheidungsrichtung. Daneben sind meine Intuition und mein Gefühl zum Gegenstand der Entscheidung für mich relevant. Auf meiner intuitiven Ebene lege ich Wert darauf, überzeugt zu sein von einer bestimmten Entscheidung.

Horst Köhler sagte 2004 in seiner Rede zum Tag der Deutschen Einheit, dass wir Unternehmerpersönlichkeiten brauchen, die bereit sind, die volle unternehmerische Verantwortung und Risiken auf sich zu nehmen. Die gibt es für ihn vor allem im Mittelstand. Was bedeutet Ihnen diese Aussage?

Ich teile Horst Köhlers Meinung. Wenn Unternehmer Verantwortung beweisen, zeigen sie Mut. Beides sind wichtige Qualitäten, die unser Sozialwesen, unsere Wirtschaft, die Entwicklung dieses Landes benötigen. Gelebte Verantwortung ist gelebtes Vorbild. Ich mache die Erfahrung, dass gelebte Verantwortung an der Spitze auch Verantwortung im Management und im gesamten Unternehmen fördert – gleichsam als gelebter Unternehmenswert.

Im Gegensatz zu vielen Managern, die auf Zeit performen, agiert ein verantwortungsbewusster Unternehmer immer langfristig und vollumfänglich. Weil er mit Menschen und Dingen anders verbunden und auch verhaftet – im doppelten Sinne – ist.

Weiterentwicklung gibt es nicht, ohne sich auf Risiken einzulassen. Zukunft und Visionen sind immer ohne Garantie. Unbekanntes kann nur entdeckt werden, wenn eine starke Vision für ein Ziel gegeben ist. Nur wer bereit ist, sich auf diesen unsicheren Weg zu begeben, kommt der Verwirklichung seiner Vision auch näher. Nur mit Risikobereitschaft kann Neues entstehen und findet Entwicklung statt.

Was ist das Wesen Ihres Unternehmertums?

Ich liebe mein Unternehmen, unsere Produkte, unsere Marke, die Mitarbeiter und unsere Kunden. Dabei kommt es mir darauf an, die Erfordernisse des Zeitgeistes und der Zukunft zu verstehen und in meine Entscheidungen einzubinden sowie kluge und umfassende Lösungen für beste Qualität zu finden. Mir liegt sehr daran, mit meinem Managementteam und meinen Mitarbeitern vernetzt und vor allem mit Freude zu arbeiten. Dazu gehört auch, Freude bereiten zu wollen. Auch der Kunde soll sich an unseren Produkten freuen – jedes Mal wenn er sie in Hand nimmt, sollen sie ihm ein gutes Gefühl vermitteln. Das zeigt deutlich, dass Wertschöpfung und Wertschätzung zusammen gehören.

Trägt das Unternehmen Ihre persönliche Handschrift?

Ja, meine Werteorientierung findet sich im Wertekodex und in der Kultur des Unternehmens wieder. Das betrifft auch die Ausrichtung und das strategische Handeln des Unternehmens. Meine persönliche Haltung als Führungskraft wirkt auf die Haltung meiner Mitarbeiter/innen und ist dadurch ebenfalls Bestandteil unserer Unternehmenskultur. Unsere Kollektionen werden zudem geprägt durch meine Ästhetik und meinen Stil.

Verbinden Sie als Unternehmerin ihr persönliches Leben mit dem geschäftlichen?

Ja, die Grenzen sind fließend. Das Interesse für mein Tun, die Freude und Verantwortung am Unternehmertum habe ich nicht nur von »nine to five«. Passion und Emotion sind Bestandteil meines Wesens und damit auch »meines Geschäftslebens«. Was mich beschäftigt, kennt keine Grenzen zwischen Berufs- und Privatleben. Inspiration findet ebenfalls übergreifend statt.

Wie bewahren Sie sich Ihren unbändigen Unternehmergeist?

Es ist die Freude am Handeln, am Gestalten, am Optimieren, am Verbinden, die mich wach hält – auch Freude am Erfolg, Austausch mit anderen Unternehmern und interessanten Menschen. Offenheit, Interesse und Neugier sind dabei wichtige Wegweiser. Bei aller Involviertheit ins Unternehmen und Unternehmensgeschehen ist es aber auch wichtig, Distanz zu haben und mich auch von anderen Dingen inspirieren zu lassen. Denn erst aus der Distanz ergibt sich ein realistisches Bild über das eigene Unternehmen und Unternehmertum.

4 Gestalten und verbessern: Wie Unternehmen mit Nachhaltigkeit neue Werte schaffen

Damit das Leben einen Wert hat

Audits sichern die Sozialstandards in der Lieferantenkette

Von Marion Schenk

»Es gibt nichts Gutes, außer man tut es.«

ERICH KÄSTNER

Was steckt hinter dieser Erkenntnis von Erich Kästner? Ich stelle mir immer wieder die Frage, ob ich wirklich genug tue, denn Veränderungen beginnen immer im Kleinen. Was braucht man, um sie herbeizuführen? Eine feste Überzeugung, viel Kraft, einen langen Atem, unerschütterlichen Optimismus und Gleichgesinnte. Auch ein gewisser Erfahrungsschatz ist hilfreich.

Seit vielen Jahren in einem Konzern tätig, sehe ich es als großen Vorteil an, dass ich verschiedene Aufgaben zu bewältigen hatte. Immer wieder kommt mir zugute, dass ich Einkaufsprozesse kenne, mich in einem Markt um die Beschaffung direkt vor Ort gekümmert habe, dass ich weiß, wie unsere Waren hergestellt werden, wie die Lieferanten denken, oder wie der Transport und der Import funktionieren müssen, bevor wir die Wünsche unserer Kunden erfüllen können. Vielleicht waren es gerade diese Erfahrungen, die mich bewogen haben, meine neue Aufgabe, Verantwortung für die Einhaltung von Sozialstandards bei unseren Lieferanten in Europa, zu übernehmen, die ich mit meiner Kollegin Esther Tse (Asien) gern erfülle.

Wie wird diese Verantwortung wahrgenommen? Wir bringen den Lieferanten durch Informationen, Schulungen, Diskussionen oder auch Besuche vor Ort die Notwendigkeit der Einhaltung von Sozialstandards in der Produktion nahe. Dabei beschränken wir uns nicht nur auf die allgemeinen Forderungen, sondern wir versuchen, den mittel- und langfristigen Nutzen aufzuzeigen. Die Situation in der jeweiligen Produktionsstätte wird durch ein Audit dokumentiert.

Unter einem Audit versteht man eine »Beurteilung«, die von einer externen und unabhängigen Organisation durchgeführt wird. Gibt es keine Beanstandungen, gilt dieses Audit drei Jahre, anderenfalls müssen Verbesserungen durchgeführt und eine erneute Beurteilung durchlaufen werden. Ich verwende hier gern den Vergleich zur TÜV-Kontrolle für unsere Autos.

Die öffentliche Aufmerksamkeit für das Thema der Einhaltung von Sozialstandards ist in den letzten Jahren enorm gestiegen. Und wir möchten nicht, dass man uns nachsagt, wir hätten bei der Beurteilung unserer Lieferanten die Augen zugedrückt. Wir sind an einem objektiven Urteil interessiert, das jeder Nachfrage standhält. Bei einem Audit geht es neben der Verantwortung des Managements um folgende Fragen: Werden Steuern und Abgaben ordnungsgemäß bezahlt? Sind die Arbeiter/innen versichert? Werden die gesetzlichen Vorschriften zur Arbeitszeit eingehalten? Entspricht der Lohn den Vorgaben? Werden Überstunden angemessen bezahlt? Haben alle Beschäftigten wenigstens das Mindestalter erreicht? Ist Zwangsarbeit ausgeschlossen? Ist sichergestellt, dass es keine Formen von Diskriminierung gibt? Sind die Arbeitsbedingungen sowie die Sanitäreinrichtungen in Ordnung, gibt es ausreichenden Arbeits- und Gesundheitsschutz? Wird der Umweltschutz beachtet?

Die Auditoren machen sich in der Produktionsstätte ein Bild, nehmen Einsicht in Unterlagen und führen Vier-Augen-Gespräche mit Vertretern des Managements und der Arbeiter/innen. In einem Abschlussgespräch mit dem Management werden die festgestellten Mängel besprochen, und es wird gemeinsam ein Zeitrahmen für die Abstellung festgelegt.

Lieferanten, die schon seit einigen Jahren ihre soziale Verantwortung wahrnehmen, bestätigen uns immer wieder, dass sie viel weniger Fluktuation unter dem Personal verzeichnen. Und ganz entscheidend: Die Qualität der produzierten Waren ist höher, es gibt weniger Reklamationen. Ein weiterer angenehmer Nebeneffekt ist der gestiegene Produktionsausstoß pro Zeiteinheit. Insgesamt also ein anhaltender Mehrfacheffekt, der die Anstrengungen dafür schnell vergessen lässt.

Darüber hinaus steigert ein positives Sozialaudit die Marktchancen des Lieferanten, er findet schneller neue Kunden, insbesondere in den Ländern, in denen soziale Verantwortung bereits gesellschaftlicher Konsens ist. Für die Handelsunternehmen besteht der Vorteil darin, dass sie ihren Kunden Waren aus »sozialverträglicher Produktion« anbieten können und dadurch nicht nur ihr Image, sondern auch ihren Marktwert steigern.

Natürlich bin ich daran interessiert, dass der Konzern, für den ich tätig bin, gute Geschäfte macht und in der Spitzenliga mitspielt. Daneben ist ganz entscheidend für mich, dass ich mich wirklich von der Verbesserung der Arbeits-und Lebensbedingungen in den Fabriken, in denen unsere Waren produziert werden, überzeugen kann. Es ist ein sehr schönes Gefühl, wenn mir ein Fabrikbesitzer beim zweiten oder dritten Treffen sagt: »Sie hatten Recht, so geht es viel besser.« Noch schöner ist es aber, die Freude in den Augen der Arbeiterin zu sehen, neben der man beim ersten Besuch an der Maschine gesessen hat, der man über die Schulter geschaut hat, mit der man über ihre Sorgen und Nöte gesprochen hat und die sich bei Folgebesuchen erinnert, weil sich ihre Arbeitsbedingungen verbessert haben und sie sich jetzt besser fühlt. Das sind für mich Werte, die man nicht beziffern kann, die unser Leben aber unglaublich reich machen.

So werden Werte gelebt, so hat das Leben einen Wert, so ist es lebenswert. Es braucht nicht viel, man muss es nur tun.

Esther

Esther Tse

Esther Tse, geb. 1976, studierte von 1995 bis 1999 Rechtswissenschaft in Bochum, danach freie Mitarbeiterin in verschiedenen Aus- und Weiterbildungsprojekten an der Fernuniversität Hagen. 2000 zog sie zu ihrem Mann nach Hongkong. Hier assistierte sie ihm zwei Jahre in seinem Beratungsunternehmen. Während dieser Zeit bereiste sie weite Teile Südostasiens und Chinas. 2002 Geburt ihrer Tochter.

Anfang 2003 wurde sie Mitarbeiterin der KarstadtQuelle AG. Zu ihren Aufgabenbereichen gehörten die Erstellung eines Supply Chain Compliance-Konzeptes für Lieferanten in Asien, das Training und »Awareness Raising« dieser Lieferanten in den Bereichen Social Compliance, die Kommunikation mit den Unternehmensinteressengruppen in Asien sowie die Präsentation der Supply Chain Compliance-Arbeit auf verschiedenen lokalen und internationalen Konferenzen und Foren. Sie arbeitet als Division Manager CSR für die Arcandor AG (vormals KarstadtQuelle AG) in Hongkong.

Eine etwas bessere Welt hinterlassen

CSR bedeutet überzeugen und verändern

Ein Gespräch mit Esther Tse

INTERVIEW

Was macht Sie zur Grenzübersschreiterin?

Obwohl sich mein Reisepass mit enormer Geschwindigkeit mit Stempeln chinesischer Grenzkontrolleure füllt, mag ich mich eigentlich nicht als Grenzüberschreiterin sehen. Grenzüberschreitung hat für mich so etwas von Eindringen gegen Widerstand. Ich ziehe es vor, auf Grenzen zu wandeln, wenn möglich Menschen auf der Grenze zu begegnen, ohne unnötig einzudringen. Ich denke, dass gerade kulturelle Grenzen nicht immer unbedingt überschritten werden müssen, um gemeinsam mit Menschen anderer Kulturen und Lebensbereiche zu denken, zu fühlen und zu kommunizieren.

So liegt für mich der Erfolg einer »Misch-Ehe«, wie ich sie führe, vor allem auch darin begründet, dass man stetig neue gemeinsame Territorien entdeckt. Natürlich gibt es immer wieder Bereiche, in denen erheblich unterschiedliche Denkweisen Konfliktpotenzial bergen – hier sind allerdings Toleranz und Respekt gefragt und nicht notwendigerweise das Eintauchen oder Eindringen in eine kulturelle Anschauungsweise, die man, wenn man in dieser nicht aufgewachsen ist, nie wirklich nachvollziehen kann.

Welche Grenze würden Sie niemals übertreten?

Ich bemühe mich mit aller Kraft, die Grenze, die die Würde eines jeden Menschen im Umgang mit ihm setzt, niemals zu übertreten. Gerade in diesem Feld gibt es schließlich auch Grenzen, über die man, sind sie einmal übertreten, nicht wieder zurück schreiten kann.

Sie sind vor sieben Jahren nach Hongkong gezogen, wo Sie leben und arbeiten. Welche Erfahrung haben Sie beim Grenzübertritt von einem Land ins andere gemacht?

Ich war geradezu eingeschüchtert durch die vielen neuen Eindrücke, die auf mich einströmten. Das Klima, die Menschenmassen und die mir damals völlig unverständlichen chinesischen Schriftzeichen waren nur die äußeren Erscheinungsformen einer für mich zunächst so überwältigenden Andersartigkeit. Nachdem ich allerdings diese »Schwellenangst« überwunden hatte, genoss ich es sehr, jeden Tag neue Dinge zu erfahren und mit Menschen hier in Hongkong und vor allem auch in Mainland China in Kontakt zu treten.

Gab es Augenblicke, in denen Sie zurück wollten und es bereut haben, sich bis an die entferntesten Grenzen der Welt hinaus zu wagen?

Von den ersten Wochen abgesehen, gab es eigentlich sehr wenige Augenblicke, in denen ich zurück wollte. Im Augenblick wird mir das Leben in Hongkong sogar beinahe zu einfach oder schon fast zu langweilig. Ich sehne ich jetzt oft nach viel entlegeneren und »anspruchsvolleren« Orten. So zum Beispiel zu den chinesischen Bergbauern in Yunnan, deren kleine Höfe nur über einen Tagesritt vom nächsten größeren Dorf zu erreichen sind, und die in einer (noch) nahezu unberührten Natur leben.

Als Deutsche setzen Sie sich in Ihrer Funktion als Division Manager CSR für ein internationales Handelsunternehmen in chinesischen Betrieben für soziale Verantwortung ein. Was bedeutet das konkret?

Die Ambitionierten und Engagierten unter den chinesischen Firmenchefs haben inzwischen verstanden, dass sie mehr tun müssen als chinesische Paragraphen zu erfüllen, um den internationalen Standards zu genügen – aus reinem Eigeninteresse. Denn immer öfter koppeln vor allem Konzerne aus Deutschland ihre Aufträge an bestimmte soziale Auflagen. Gemeinsam mit Hilfsorganisationen und der Außenstelle des TÜV

INTERVIEW

Rheinland in Hongkong berate ich Eigentümer und Belegschaft dabei, wie sie ihre Arbeitsbedingungen und den Arbeitsschutz internationalen Standards anpassen können. Dadurch lässt sich schon vieles bewegen. Wir müssen sie von unseren Zielen überzeugen, notfalls mit Druck und Autorität. Das ist nicht immer leicht, denn schnell kann der Eindruck erweckt werden, dass man als Ausländer alles besser wissen möchte. So konnte ich häufig beobachten, wie Ausländer sich herablassend gegenüber ihren chinesischen Partnern verhalten haben. Dann kommt man nicht weiter.

Was vermissen Sie in China?

Ich fühle mich im Großen und Ganzen ungemein bereichert, durch die große Vielfalt, die das Leben in Hongkong und China bietet. Das Einzige, das ich wirklich schmerzlich vermisse, ist meine deutsche Muttersprache. So oft fehlt mir die Möglichkeit, mich so präzise aber auch vieldeutig auszudrücken, wie es nur in deutscher Sprache möglich ist.

In der chinesischen Philosophie gibt es die Idee des Wu Wei: Tun, ohne zu tun. Das ist mehr als geschehen lassen, aber weniger als Handeln. Können Sie damit etwas anfangen?

Soweit ich weiß, geht diese taoistische Philosophie davon aus, dass das Universum bereits in seiner eigenen Weise harmonisch funktioniert und dass der Mensch, der der Welt seinen eigenen Willen aufzwängt, diese Harmonie stört. Da aber nun offensichtlich bereits so viele Menschen diese Harmonie gestört haben, bedarf es meines Erachtens des starken Willens und des Eingriffs von Menschen, die bereit sind, Missstände zu bekämpfen. Albert Einstein sagte bereits: »Die Welt wird nicht bedroht von den Menschen, die böse sind, sondern von denen, die das Böse zulassen.« Abgesehen von der in vielen Bereichen dringenden Notwendigkeit, zur Tat zu schreiten, bin ich persönlich auch in der Regel viel zu ungeduldig, um einfach nur abzuwarten.

Für eine Mutter ist auch die Geburt ihres Kindes ein Akt der Grenzüberschreitung. Können Sie Ihre Gefühle beschreiben, die Sie hatten, als Ihre Tochter zur Welt kam?

Für mich beschreibt Elizabeth Stone das mit dem neuen Leben neu entstehende Gefühl äußerst treffend: »Die Entscheidung, ein Kind zu haben – sie ist folgenschwer. Es ist die Entscheidung, Dein Herz für immer außerhalb Deines Körpers herumlaufen zu lassen.« Dieses neue Gefühl hat ganz sicher auch mein Wesen verändert. Unmittelbar nach der Geburt meiner Tochter sah ich viele Dinge gelassener, alles stand nun in Relation zu diesem kleinen neuen Wesen, alles andere erschien dagegen zunächst so unglaublich unerheblich. Darüber hinaus lehrt ein solch kleiner Mensch seine Mitmenschen einfach immens viele Dinge – nicht zuletzt in den Bereichen Ausdauer, Geduld und Einfühlungsvermögen. Einige Erfahrungen aus der Kinderstube meiner Tochter konnte ich mir dann sogar in meinem Job zu Nutze machen. Trotz, übertriebener Stolz und Imponiergehabe großer Jungen mit Anzug und Krawatte lassen mich Dank meiner Tochter nun ziemlich kalt.

Ihre Tochter ist fünf Jahre alt. Welche Grundwerte möchten Sie ihr vermitteln?

Glaube, der ihr in Krisensituationen zur unerschütterlichen Festung wird. Liebe zu sich selbst und zu ihren Mitmenschen. Hoffnung darauf, dass ihr viele andere Menschen begegnen, die diese Grundwerte mit ihr teilen.

Was verbinden Sie persönlich mit dem Begriff »Nachhaltigkeit«?

Nachhaltigkeit bedeutet für mich persönlich, eine etwas bessere Welt für alle Kinder zu hinterlassen und gleichzeitig durch unsere eignen Kinder einen »positiven Fußabdruck« auf unserer Welt zurückzulassen.

Was treibt Sie an? Und was macht für Sie ein sinnerfülltes Leben aus?

Ein sinnerfülltes Leben zu führen bedeutet für mich, täglich Dinge zu tun, die für mich und auch für andere einen Wert haben.

Es geht nicht nur um Wachstum

Die Wirtschaft sollte neue Schwerpunkte entwickeln

Von Horst Pfitzner

Nehmen wir uns doch die Evolution als Beispiel: Sie beinhaltet alles, sie geht an die Grenzen, überschreitet sie, aber verliert nie ihren Sinn und Zweck. Sie ist nach wie vor: Kunst, Kreativität, Vision in der Vollendung. Sie erschafft Vielfalt und kennt keine Grenzen, aber sie vergisst nie ihren eigentlichen Sinn – der Sinn des Lebens, der die Freude am Leben nicht nur in den Vordergrund stellt, sondern als Ziel setzt. Mit Kreativität und Wirtschaft verbinde ich, an die Grenzen des Möglichen zu gehen – in Bezug auf die Technik allerdings nur behutsam und verantwortlich der Umwelt und Gesellschaft gegenüber. Altes und Bewährtes sollten als Fundament stehen gelassen werden. Kreativität soll anregen, fördern, einen Sinn geben, zufrieden und glücklich machen.

Ein Hundertwasser, ein Colani, die Philosophie von Feng Shui, müssten weit mehr Beachtung finden. Die Frage »Brauchen wir Kreativität in der Wirtschaft?« ist immer mit »Ja« zu beantworten. Es kann nicht nur darum gehen, zu wachsen und immer mehr Geld zu verdienen. Das Wohl der Menschen und der Umwelt muss im Vordergrund stehen. Wenn die Wirtschaft aufhört, die Masse der Menschen als Masse zu sehen, sie nicht nur auf ihre Vermarktung hin prüft, sondern dem Individuum eine Chance gibt, stellt sich automatisch Vielfalt ein. Globalisierung, ein Wort des 21. Jahrhunderts, verbunden mit den großen Herausforderungen durch Klimawandel, explodierende Bevölkerungszahlen, Energie- und Ressourcenverknappung, fordert entsprechende Fähigkeiten von Unternehmen, Konzernen und Regierungen, um die Zukunft zu sichern.

Sören

Sören Stöber

Sören Stöber, geb. 1980, ist seit 2006 für die Arcandor AG (ehemals KarstadtQuelle AG) tätig und arbeitet in der Konzernkommunikation zu Schwerpunkten der Nachhaltigkeitsberichterstattung.

Er absolvierte zunächst ein Studium Generale am Leibniz Kolleg in Tübingen und studierte im Anschluss den Studiengang »Philosophy & Economics« an der Universität Bayreuth. Vor seinem Eintritt in die Arcandor AG war er als Diplomand am Wuppertal Institut für Klima, Umwelt, Energie GmbH und verbrachte einen einjährigen Auslandsaufenthalt als Fremdsprachenassistent in Frankreich.

Nur wer sich Veränderungen stellt, kann Neues verstehen

Unternehmensethik braucht Menschen, die Werte besitzen

Ein Gespräch mit Sören Stöber

INTERVIEW

Was macht Sie zum Grenzüberschreiter?

Die Bezeichnung Grenzüberschreiter würde ich mir selber nicht geben. Dafür fühle ich mich noch zu jung und nicht erfahren genug. Außerdem bin ich mir nicht sicher, ob ich mit dem, was ich tue, wirklich Grenzen überschreite. Andererseits scheinen die Themen, mit denen ich mich beschäftige, sicherlich vielen (noch!) neu und ungewöhnlich, von außen betrachtet also vielleicht auch grenzüberschreitend.

Muss man das Leben lieben, damit es einen weit hinaus ins Meer der Möglichkeiten führt?

Man muss auf jeden Fall optimistisch sein und eine positive Grundeinstellungen zum Leben haben. Insofern ja: Man muss es lieben und als etwas sehr, sehr Spannendes empfinden. Das Leben mit seinen täglichen Aufgaben und Herausforderungen birgt so viel an Positivem, wenn man es denn nutzt und die Chancen erkennt. Dabei muss das Meer nicht zwangsläufig das Ziel sein. Oftmals reicht auch schon der See im Stadtpark, um zu erkennen, was das Leben für einen bereithält.

Welche Grenze würden Sie niemals übertreten?

Natürlich gibt es Werte und Überzeugungen, die Grenzen setzen und die ich nicht übertreten würde. Aber als junger Mensch – und hoffentlich auch später – ist man noch offen für viele Dinge, noch nicht in allem festgelegt ...

Lernen Querdenker an den Grenzen zu Unsicherheit und Instabilität?

Ganz bestimmt. Aber sich nur in bekannten Bahnen zu bewegen, ermöglicht auch Routine und Sicherheit und oft auch gute Ergebnisse. Sicherheit und Stabilität sind elementare Konstanten im Leben und auch für mich persönlich sehr wichtig. Der Weg zu diesen Konstanten führt jedoch immer wieder über Unsicherheit, Instabilität und Neues. Nur wer sich den Veränderungen stellt, kann Neues verstehen und für sich gewinnen.

Woran spüren Sie, dass Sie aus einer Aufgabe herausgewachsen sind?

Im beruflichen Alltag ist das vermutlich das Gefühl, eine Aufgabe ohne große Probleme routiniert zu lösen. Die Sicherheit im Umgang mit solch einer Aufgabe. Allerdings ist dieses Gefühl nicht unbedingt mit Unterforderung oder sogar Langeweile verbunden. Vielmehr genieße ich auch die neu gewonnene Sicherheit. Aber dann muss es natürlich irgendwann auch krachend weitergehen ...

Welche Gedanken sind besonders typisch für Sie?

Das Abwägen einer Situation. Und daran anschließend dann oft das Resümee, dass eine einzige richtige Antwort nur selten zu finden ist. Extreme Gedanken, die nur in Ja oder Nein, richtig oder falsch zu unterteilen sind, mag ich nicht. Sie führen meiner Meinung nach auch selten zum Ziel.

In manchen Situationen muss man aber von einer Sache überzeugt sein und standhaft und mit guten Argumenten für sie eintreten. Dann darf auch kein fauler Kompromiss zugelassen werden, der die Tür für gefährliche Tendenzen öffnet. Ich denke da zum Beispiel an gewisse Entwicklungen in der politischen Landschaft, wo man als Teil der Gesellschaft sehr wachsam sein muss und zur rechten Zeit ein deutliches Bekenntnis abgeben muss.

Wie viel Zeit verwenden Sie, um das zu initiieren, was für Sie wünschenswert und richtig ist?

Viel Zeit. Ich denke, dass dies als ein Prozess zu beschreiben ist. Will man etwas erreichen oder verändern, an dem auch andere beteiligt sind, geht es nicht von heute auf morgen.

Vieles muss und sollte langsam und bedacht entwickelt werden. Auf der anderen Seite merke ich zunehmend, dass zuviel Bedachtheit auch nachteilig sein kann. Dinge einfach mal auf den Tisch zu legen und deutlich auszusprechen, ist unverzichtbar. Sonst kommt man mit den Dingen, die man initiieren will, nicht vorwärts.

Gehören Sie zu jenen, die sich – wenn das Leben einmal »quer« steht – fragen, was Sie davon lernen können?

Ja, natürlich versuche ich die neue Situation zu verstehen, mich ihr anzupassen oder, wenn ich sie als schädlich für mich empfinde und sie mich unglücklich macht, sie zu verändern.

Wie sorgen Sie dafür, dass Sie offen und flexibel für neue Themen bleiben?

Ich gehe offen und aufmerksam durch die Welt und auf das zu, was da so alles kommt. Sei es beruflich oder privat. Informationen zu sammeln (lesen, zuhören, diskutieren) ist dabei unverzichtbar und eine gute Vorbereitung auf das, was auf einen wartet.

Woher kommt Ihr Interesse für gesellschaftspolitische Themen?

Der Ursprung liegt im Elternhaus. Politische Themen und Diskussionen waren elementarer Bestandteil des Erwachsenwerdens und auch der Erziehung. Dieses Interesse ist geblieben und hat sich weiterentwickelt.

Was hat Sie veranlasst, sich für den Studiengang »Philosophy & Economics« an der Universität Bayreuth zu entscheiden?

Nach dem Abitur und vor allem nach einem einjährigen Studium Generale merkte ich schnell, dass die Studiumsmöglichkeiten heutzutage fast unbegrenzt sind. Die Verbindung von zwei Disziplinen, also Philosophie und Wirtschaftswissenschaften, die auf den ersten Blick nicht zusammenzupassen scheinen, faszinierte mich. Wirtschaftswissenschaften haben mich außerdem immer schon interessiert, unter anderem durch die Mitarbeit im väterlichen Unternehmen. Alleine Wirtschaftswissenschaften erschienen mir nicht genug. Mein Interesse an Fragen beispielsweise nach der gesellschaftlichen Verantwortung von Unternehmen und ihrer philosophischen Begründung, wie sie während des Studienganges behandelt wurden, haben sicherlich dazu beigetragen, mich für ein Studium in Bayreuth zu entscheiden.

Sie gehören zu den Gründungsmitgliedern des studentischen Netzwerkes »sneep«. Wie und warum kam es zu diesem Zusammenschluss?

sneep ist das studentische Netzwerk für Wirtschafts- und Unternehmensethik (sneep steht für student netwok for ethics in economics and practice) und wurde 2003 ins Leben gerufen. Im Netzwerk arbeiten Studierende der unterschiedlichsten Disziplinen (Wirtschaftswissenschaftler, Theologen, Philosophen, Sozialwissenschaftler, Juristen, Psychologen, Umweltwissenschaftler etc.) zusammen.

Grundidee und Antrieb für die Gründung des Netzwerkes war die Überzeugung, dass es für interessierte Studierende einen Bedarf für ein solches Netzwerk gibt, um einen lebendigen Austausch zwischen Theorie und Praxis zu ermöglichen und dem gesamten Themenkomplex der Wirtschafts- und Unternehmensethik eine größere Aufmerksamkeit und Öffentlichkeit – nicht erst im Berufsleben, sondern bereits an den Universitäten – zu verschaffen. Zunächst waren wir gar nicht sicher, ob das Netzwerk erfolgreich sein würde. Die Nachfrage und die positive Bestärkung aus Wissenschaft und Praxis haben uns aber schnell Recht gegeben.

Gibt es ein geistiges Band, das Sie zusammenhält?

Vielleicht nicht immer ein geistiges Band, wohl aber ein thematisches Band. Wir wollen alle zum und im Themengebiet der Wirtschafts- und Unternehmensethik denken und handeln. Auch wenn – glücklicherweise – immer wieder kontrovers diskutiert wird, gehen wir als Netzwerk in eine gemeinsame Richtung.

Welches sind ihre wichtigsten Werte, von denen Sie sich leiten lassen?

Ehrlichkeit, Vertrauen, Respekt und eine positive Lebenseinstellung.

Was sind die Grundlagen für wertorientiertes Handeln?

Dass man selber Werte besitzt, nach denen man denkt und handelt. Zum Glück können diese Werte von Person zu Person variieren, sich gegenseitig befruchten und immer wieder ändern oder sich weiterentwickeln.

Schaffen Unternehmen, die sich einer moralischen Wertorientierung verpflichtet fühlen, »mehr Wert«?

Ja, aber dieser Wert ist nicht auf den ersten Blick als solcher zu identifizieren. Unternehmen mit einer Strategie, die beispielsweise die gesellschaftliche Verantwortung des Unternehmens berücksichtigt oder eine klare Unternehmensethik beinhaltet, sind per se eher an langfristigem Unternehmenserfolg interessiert. Moralische Wertorientierung eines Unternehmens ist mit kurzfristigem Erfolgsdenken schwer zu vereinbaren. Und bringt auch kurzfristig gedacht keinen Erfolg. Wird der Gedanke von Corporate Social Responsibility (CSR), Nachhaltigkeit oder Unternehmensethik jedoch ernstgenommen und in einer Unternehmensstrategie verankert, schaffen diese Unternehmen auch »mehr Wert«.

Wie kann das sensible Gespür für Verantwortung Ihrer Meinung nach in die marktwirtschaftliche Gesellschaft zurück gebracht werden?

Eine schwierige Frage. Sicher muss das Gespür für Verantwortung in der Wirtschaft schon in der Ausbildung vermittelt werden. Wenn ein Absolvent eine Position im Management antritt, sollte er doch auf jeden Fall schon einmal davon gehört haben, dass die Rolle des Unternehmens über die reine Gewinnmaximierung hinausgeht. Darüber hinaus kommt auch der Zivilgesellschaft eine bedeutende Rolle zu. Sie kann durch ihre Stimme darauf aufmerksam machen, dass sie an Unternehmen interessiert ist, die ihrer gesellschaftlichen Verantwortung bewusst sind und dieser gerecht werden. Schließlich ist es die Wirtschaft selbst, die dafür sorgen muss, dass sich etwas ändert. Wie sich an diversen Beispielen in der jüngeren Vergangenheit gezeigt hat, können Unternehmen nicht nur daran interessiert sein (und es sich heutzutage auch nicht mehr leisten), sich mit der Frage nach ihrer Verantwortung nicht aktiv auseinanderzusetzen.

Wann sind Unternehmen künftig erfolgreich? Und was zeichnet ihren Erfolg aus?

Entscheidend erscheint mir die Frage, woran wir in Zukunft Erfolg messen wollen. Folgen wir nur dem Prinzip reiner und kurzfristiger Gewinnmaximierung und bewerten in der Öffentlichkeit nur diesen in Zahlen messbaren Erfolg als positiv, benötigen wir keine neuen Konzepte. Wollen wir aber, dass sich Unternehmen verstärkt als Bestandteil der Gesellschaft begreifen, werden beispielsweise Nachhaltigkeit und gesellschaftliche Verantwortung als neue Erfolgskriterien an Bedeutung gewinnen. Und letztendlich auch – wie es heutzutage zum Teil schon der Fall ist – zu in Zahlen messbaren Erfolgskriterien führen.

Nehmen Sie Begriffe wie »Nachhaltigkeit« und »Corporate Social Responsibility« auch im persönlichen Handeln ernst?

Ja, und das ist meiner Meinung nach unverzichtbar, will man das Thema auch im Beruf glaubwürdig behandeln. Es fängt schon beim Einkauf an. Gehe ich zehn Minuten länger zum Bäcker, der das »gute Brot« verkauft, oder kaufe ich bei der Bäckereikette um die Ecke? Entscheide ich mich für das billigste Produkt, oder konsumiere ich bewusst? Sicherlich gelingt es mir nicht jeden Tag, nachhaltig zu konsumieren, aber ich bemühe mich, bewusst zu handeln. Erfreulich ist, dass ich damit nicht alleine bin. Unerfreulich, dass zu viele Menschen ihre Möglichkeiten – auch Einflussmöglichkeiten – noch nicht erkannt haben. Was den Begriff CSR betrifft, kann ich ihn natürlich nur als Teil eines Unternehmens versuchen zu leben, das Unternehmen in seinem Bestreben, seiner gesellschaftlichen Verantwortung gerecht zu werden, zu unterstützen.

Abschied vom linearen Selbstverständnis

Kreativität bedeutet ergebnisorientierte Multiperspektivität

Von Dariusz Radtke

… am Anfang waren Zwischenräume. Gedankliche Bruchstellen, Lücken, Metaphern, Übergänge, die Frage nach Verbindendem, nach der Emanzipation der Leerstellen. Unser lebensweltlicher Aufenthalt, die ästhetischen Wahrnehmungen, die Gesamtheit unserer Veräußerungen und Verinnerlichungen, Kultur und Natur weisen ununterbrochen auf die Möglichkeit eines Dazwischen hin.

Das gesellschaftlich-politische Europa sieht sich in Zeiten der Globalisierung dem Gefühl des ständigen zwischen Nicht-mehr und Noch-nicht ausgesetzt. Wir befinden uns im Übergang von der Hand- zur Kopfarbeit, von der Industrie- zur Wissensgesellschaft. Übergänge können als Bedrohung erfahren, aber auch als Chance begriffen werden. Sie bedürfen behutsamer Begleitung. Es gibt intensiv erfahrene Übergangszeiten, individuelle, gesellschaftliche, politische und technologische Umbrüche. Andererseits ist das Leben insgesamt Übergang, ständiges Weitergehen und Unterwegssein, Gehen ins Offene. Nur wie und wohin?

Künftig wird es auf das methodische Zusammendenken zwischen den Welten und Disziplinen ankommen. Um die neuen Herausforderungen des 21. Jahrhunderts zu gestalten, deren Komplexität in zunehmenden Maße unser lineares Selbstverständnis überfordert, sind Partnerschaften und die interdisziplinäre Zusammenarbeit zwischen Kunst, Wirtschaft, Wissenschaft und Gesellschaft von großer Bedeutung. Was wir brauchen, ist weniger ein ausgeklügeltes Regelwerk, sondern eine Ethik des bewussten Umgangs mit der Erweiterung unserer zwischenräumlichen Realität. Gefragt sind Verantwortung, Leidenschaft, Kreativität und der Wille zur ergebnisorientierten Multiperspektivität. Dafür sollten wir uns einsetzen. Jetzt!

Alexandra

Alexandra Hildebrandt

Dr. Alexandra Hildebrandt, geb. 1970, studierte Literaturwissenschaft, Psychologie und Buchwissenschaft an den Universitäten Erlangen-Nürnberg und Bamberg. Promotion über die deutsche Romantik. 2000 bis 2005 leitete sie die interne Kommunikation bei einem internationalen Baustoffhersteller. Seit 2006 ist Alexandra Hildebrandt Leiterin Gesellschaftspolitik bei der Arcandor AG (vormals KarstadtQuelle AG). Lehraufträge und Gastdozenturen, zahlreiche Beiträge für Funk und Fernsehen. Etwa 400 Beiträge in Jahrbüchern, namhaften Zeitungen und Zeitschriften. Herausgeberin und Autorin zahlreicher Sachbücher. Zuletzt erschienen: »Die Spur des Grenzgängers. Leben als Passion« (2006, Junfermann Verlag) und »Die Sprache von Mode und Design« (mit Annett Koeman und Helmut Merkel, red dot edition, Essen 2007). Schwerpunkte: Grenzgängerthemen aus Kultur, Wirtschaft, Wissenschaft und Sport, Handel, Konsum und Megatrends.

Wanderer im Unwegsamen

Grenzgänger als Unternehmensjoker für eine werteorientierte Führung

Von Alexandra Hildebrandt

»Über den Joker lässt sich mancher Mitarbeiter- und Geschäftskontakt spielerisch abwickeln. Wer sich darin übt, mehr Verantwortung zu delegieren – was Führungskräfte trendgemäß heute gern von sich behaupten –, der sollte auch dies einüben: den lockersten Mitspieler mit den heikelsten Botschaften zu betrauen. Er wird sie wie Minen entschärfen«[25], schreibt Gertrud Höhler.

Werner Baldessarini, der Chef von Hugo Boss, gehört zu denen, die erkannt haben, dass Joker Unternehmen bereichern: »Wir stellen lieber Leute ein, die ein bißchen rumspinnen, aber nicht genau wissen, was ein Kammgarn und ein Streichgarn ist. Das gibt zwar Schmerzen links und rechts, hält aber die Firma jung.«[26] Die Unternehmensjoker gehören häufig zu denen, die finden wollen und deshalb frei, tolerant, offen und etwas verrückt sind. Was sie noch ausmacht:

- die Demut, dass sie andere brauchen, um voranzukommen
- das Wissen, dass das Leben unvollkommen ist
- Aufrichtigkeit
- Bescheidenheit
- Gestaltungsverantwortung für das eigene Leben und das der anderen

»Geh ins Offene!«, forderte auch Bundeskanzlerin Angela Merkel in ihrer Rede zum Tag der deutschen Einheit am 3. Oktober 2006. Mit Paul Celan ließe sich auch ausrufen: »Ins Weite, ins Offene«... Jeder, der sich aus seiner Komfortzone hinaus bewegt, lernt, in der Gegenwart zu leben. Er weiß, dass das Entweder-Oder-Denken keinen Sinn macht, sondern erst die »schöpferische Kraft des UND« (Jim Collins), Vielfalt, die das Leben lebenswert macht. Grenzüberschreiter werden gerufen von dem, was ihnen eigen ist. Der 1926 geborene Künstler und Mäzen F.C. Gundlach sagte dazu in einem Interview in der Wochenzeitung DIE ZEIT:

»Für mich bedeutet es einen Luxus, zu tun, was ich am besten kann, und so meinen Beruf zur Berufung werden zu lassen. Ich gestehe, dass die Grenzen zwischen Hobby, Beruf und Freizeit so verwischt sind, dass sich meine Mitarbeiter fragen mögen, ob ich Arbeit und Freizeit überhaupt trennen kann. Nein, das kann ich nicht. Ich versuche in jeder Phase wahrhaftig zu sein: als Fotograf, als Sammler, Mäzen, Kurator, Künstler.«[27]

Grenzüberschreiter haben etwas Kindliches, denn sie lieben wie sie das Spiel und wissen, dass etwas pas-

sieren wird, doch der Ausgang ist ungewiss. Zuweilen ziehen sie das Chaos der Kontrolle vor. Wie weit sie damit kommen, zeigt ein Experiment aus der Biologie, das der Wissenschaftsjournalist Michael Gleich in seinem Essay »Die Gesetze der Netze« beschrieben hat:

»Wenn man jeweils ein Dutzend Fliegen und Bienen in eine leere Flasche sperrt, die unverschlossen und mit dem Boden in Richtung Fenster liegt – wer wird als Erstes der Falle entkommen? Die Bienen, die für effiziente Kommunikation in einem straff organisierten Staat stehen, oder die Fliegen, mit denen man wildes Herumsausen verbindet? Die Bienen suchen mit Fleiß und Akribie jeden Millimeter des Flaschenbodens ab, der dem Licht zugewandt ist und wo sie den Weg in die Freiheit vermuten, bis sie irgendwann an Erschöpfung sterben. Die Fliegen dagegen schwirren in heller Aufregung hin und her, suchen, jede für sich, den Ausweg und entkommen irgendwann, jede für sich, der Falle.«[28]

Grenzgänger »bauen« wie Kinder – Erwachsene dagegen bauen immer an etwas Konkretem. Für die kindlichen Spieler ist das Ergebnis nicht so wichtig, sondern das Tun an sich, das Ausprobieren von Möglichkeiten und Lösungen in glücklicher Versunkenheit (»Flow«). In diesen Zusammenhang gehört die folgende Beobachtung der Pädagogin Maria Montessori: Ein kleines Mädchen erhielt im Kindergarten den Auftrag, einen Tisch abzuwaschen. Es putzte selbstvergessen weiter, nachdem der Tisch schon längst »sauber« war und hörte erst auf, als es keine Lust mehr an seiner spielerischen Tätigkeit hatte.

Grenzgänger gehören zu den »Unternehmensjokern«, die von einer höheren Idee als von Geld geleitet werden. Ihnen ist bewusst, dass im Spiel das Leben begriffen werden kann, dem sie mit dankbarer Gelassenheit begegnen. Sie wissen, dass dem äußeren Wachstum Grenzen gesetzt sind, aber dem inneren nicht. Sie verknüpfen vorhandenes Wissen mit neuen Erfahrungen, ihr Gehirn ist rund um die Uhr geöffnet und jederzeit zu allem bereit. Sie leben für ihre Idee. Konkurrenz macht ihnen keine Angst, denn es geht ihnen nicht um Auseinander-Setzen, sondern um Zusammen-Setzen. Genyo Takeda, Leiter einer Arbeitsgruppe der Forschungs- und Entwicklungsabteilung des Spiele-Herstellers Nintendo, bemerkte einmal: »Es gibt keine Grenzen und keine Beschränkungen. Da wir auf uns selbst gestellt sind, gibt es nichts, was wir nicht können. Wer mit nichts anfängt, kann alles tun.«[29] In einem solchen Umfeld können sich Grenzüberschreiter, deren Treibstoff die Ideen sind, optimal einbringen. Sie bringen dann sehr gute Leistungen und echten Mehrwert, wenn man sie lässt. Sie vertrauen sich der Veränderung des Lebens an und haben kein Problem mit Ent-Grenzungen.[30] Sie gehören zu jenen Menschen mit einer hohen Dichte von Dopamin-Rezeptoren im Gehirn. Deshalb tun sie sich leichter mit grundlegendem Wandel:

»Dopamin ist gewissermaßen der Botenstoff der Veränderung. Von zentraler Bedeutung sind aber wohl die Lernerfahrungen in Kindheit und Jugend. Menschen, die in den ersten zwei Lebensjahrzehnten instabile Übergänge als lohnend und befriedigend erlebt haben, entwickeln eine größere Bereitschaft, sich auf Wagnisse einzulassen. Fehlen uns die früh verankerten positiven Erfahrungswerte, ist es eher unwahrscheinlich, dass man als Erwachsener zum Querdenker und Grenzgänger mutiert. Das limbische System, das im Gehirn zuständig ist für die emotionale Bewertung von Handlungsentscheidungen, ist beim Erwachsenen nicht mehr so leicht modifizierbar. Um frühe Prägungen aufzubrechen, bedarf es gewissermaßen eines Gefühlssturmes, der die ganze Persönlichkeit erfasst.«[31] (Winfried Kretschmer)

Sie sind Wanderer im Unwegsamen, im wörtlichen wie im übertragenen Sinn. Unbedenklich überschreiten sie Grenzen von Disziplinen und Organisationen. Sie gleichen Caspar David Friedrichs »Wanderer im Nebelmeer«, der von seiner Felsspitze hinab etwas sieht, was andere nicht sehen und vielleicht nie sehen werden, wenn sie sich nicht auf den Weg machen. Dass sie abstürzen könnten, ist jederzeit möglich. Risiko und Vertrauen gehören für sie zusammen. »Vertrauen ist Wagniskapital«[32] und »immer ein Sprung in den Abgrund – der vom eigenen Echo aufgefangen wird«[33], schreibt Gertrud Höhler.

Grenzüberschreiter haben Mut, denn sie wissen, dass wer nichts wagt, auch nichts gewinnen wird. Goethes Diktum: »Niemand weiß, wie weit seine Kräfte gehen, bis er sie versucht hat«, gilt für sie in besonderem Maße. Sie handeln lieber selbst, bevor sie sich »be-handeln« lassen. Sie sind, was sie tun, und spielen niemals eine Rolle, um anderen zu imponieren. Sie lassen sich nicht provozieren und müssen in der Auseinandersetzung mit anderen nicht das letzte Wort haben. Sie wissen, Druck erzeugt Gegendruck, deshalb halten sie es gern mit Goethe: »Behandle Menschen so, wie sie sind, und sie werden schlechter, behandle Menschen so, wie sie sein könnten, und sie werden besser.«

Sie fragen sich ständig: Wo sind meine Grenzen? Wie groß darf der Schritt aus der vertrauten Komfortzone sein? Wie weit kann die Grenze meiner Erfahrung verschoben werden? Wer will ich werden? Wer werde ich sein? Wer bin ich? Was brauche ich? Was tut mir gut? Was schadet mir? Auch negative Erlebnisse haben für sie einen Sinn und wollen sie etwas lehren.

Wer etwas verändern will, muss zu vielem bereit, aber nicht zu allem fähig sein. Nicht alles, was getan werden könnte, darf auch getan werden. Das weiß jeder, der werteorientiert führt. Und er weiß, dass er nur eine Person zu führen[34] hat: sich selbst. Wesentlich ist dabei das Prinzip Eigenverantwortung und das angestammte Recht auf Individualität: Dahinter steht das Bild des selbst bestimmten Menschen, der sich aus eigener Überzeugung Werten verpflichtet fühlt. Gemeint sind hier keine materiellen »Werte«, sondern jene, die dafür stehen, was einen Menschen bzw. ein Unternehmen ausmacht. Es geht um die added values (Gertrud Höhler), um Werte jenseits des Profits. Die Fähigkeit zur Autonomie ist verbunden mit dem Vermögen des Werterkennens, denn wer eigenverantwortlich arbeitet und sich selbst führt, muss eine Wertebasis haben. Wer sie nicht hat, für den ist auch die Welt wertlos.

Einer werteorientierten Führungskraft, die persönliche Integrität, Sinnsuche und wirtschaftlichem Erfolg verbindet, geht es vor allem um die Umsetzung der Werte in Tugenden (Rüdiger Safranski): Werte, die gewusst werden, sollen in jene umgewandelt werden, die gelebt werden. Dabei folgt sie der klassischen Grundregel der Verhaltensethik: »Was du nicht willst, das man dir tu', das füg' auch keinem anderen zu.« Er achtet andere, weil er sich selbst achtet. Er bringt andere Menschen dazu, weiter zu gehen, als sie je gegangen sind. Er ist besonnen und nimmt Rück-Sicht, weil er weiß, dass er nur vorwärts kommt, wenn er seine Mannschaft »abgeholt« hat. Schon Jesus von Nazareth, für viele Menschen der Inbegriff des Retters, Rebellen und Sinnstifters, fragte die zwölf Apostel stets nach ihrer Bereitschaft, ihm zu folgen: »Seid ihr bei mir?« Wer werteorientiert führt, handelt häufig aus dem Dreiklang von Glauben, Liebe, Hoffnung. Er überzeugt lieber, statt Befehle zu erteilen. Führen ist für ihn keine Methode, sondern eine Haltung. Er geht Dinge an und sitzt sie nicht aus. Er lernt schneller, weil er gut zuhören kann. Er führt durch Vertrauen, was ihn auch

Die Leiterin des Designcenters Norintra, Annett Koeman, mit einer asiatischen Mitarbeiterin in Hongkong.

verwundbar macht, denn er verzichtet auf Kontrolle. Er lässt los und bindet dadurch Menschen an sich, die er verlieren würde, wenn er sie zwanghaft festhalten wollte.

Er ist sich bewusst, dass nur, wer sich auch emotional bewegt, etwas bewegen und bewirken kann. Dabei lässt er sich niemals von seiner Angst lähmen – wenn Ereignisse anders eintreffen als geplant, findet er eine neue Gelegenheit.

Und weil er Chancen und Gelegenheiten nutzt (so wie er das Glück im rechten Augenblick ergreifen kann), ist sein Leben erfüllt. Er weiß, dass er drei Dinge nicht zurückholen kann:

»den Pfeil, der vom Bogen schnellte,
das in Hast und Eile gesprochene Wort,
die verpasste Gelegenheit.«

HADRAT ALI

Er entscheidet und lebt jetzt – so intensiv wie möglich, deshalb sagt er die Dinge, wie er sie meint. Und er bittet um Verzeihung, wenn er jemanden verletzt hat. Er lebt vor, was er von anderen erwartet. Bevor er etwas tut, kündigt er es an, er praktiziert »fair play«. Dazu gehört auch die nötige Um-Sicht. Er hört nicht auf, danach zu fragen, ob er das Richtige tut. Er schafft Vertrauen, weil er für seine Mitmenschen berechenbar

Der Nointra-Cube als Symbol für Globalisierungsprozesse.

ist. Wissen bedeutet für ihn nicht Macht, sondern Teilen. Er verfügt über eine gute Selbstwahrnehmung und fragt sich zuweilen auch, wie er auf andere wirkt. Er kennt und mag die Menschen nur, weil er sich selbst kennt und liebt. Wenn es ein Geheimnis seines Erfolgs gibt, dann ist es das, was Henry Ford als »den Standpunkt des anderen zu verstehen und die Dinge mit seinen Augen zu sehen« bezeichnete.

Er weiß, dass die Ausübung einer Funktion nur eine Leihgabe ist. Er ist sich seiner zeitlich begrenzten Verpflichtung bewusst und kann im richtigen Moment loslassen, denn er besitzt, als besäße er nicht. Er hat den Mut zu gehen – manchmal ohne zu wissen wohin. Er weiß, dass erst im Gehen der Weg vertraut wird, und liebt es, immer neue Erfahrungen unter immer neuen Umständen zu machen. »Wenn ich ins kalte Wasser springe«, schreibt der österreichische Unternehmer Josef Zotter, »kann ich schwimmen. Wenn ich etwas anfange, halte ich durch. Und wenn es sein muss, bis zum bitteren Ende. Das zieht sich durch meine ganze Karriere, ich habe weder Konditor noch Chocolatier gelernt, sondern bin immer als Quereinsteiger in den Beruf gekommen.«[35]

Wer sich auf Unvorhergesehenes einlässt, macht zwangsläufig auch Fehler, die er »ehrt« und als Chance sieht, um kreativ zu bleiben. Götz Werner, der Gründer der DM-Drogerie, sagte einmal in einem Gespräch mit Andreas Zeuch: »Die Intelligenten machen immer neue Fehler, die Dummen immer die gleichen.«[36]

Der Kluge ist in der Lage, sich auf neue Situationen so einzustellen, dass er etwas davon lernen kann. Er bevorzugt die unbesetzten Gebiete, die Nebenwege, wo es noch etwas zu entdecken gibt. Er lässt zu, dass das Leben im Fluss bleibt, und macht sich so weniger Probleme. Er kann warten im Bewusstsein, dass alles mit der Zeit kommt. Er liebt den Begriff des »Kairós«, des rechten Augenblicks, der rechten Gelegenheit, weil er imstande ist, den rechten Moment zu erkennen und entsprechend zu handeln. Doch dafür muss der Geist »vorbereitet« und »bereit« sein.

Sie sind sich darüber im Klaren, dass nur Bescheid geben kann, wer selbst bescheiden ist. Jim Collins schreibt in seinem Buch »Good to Great« (2001), dass solche Manager angesichts einer Niederlage oder unbefriedigender Leistungen nicht lange brauchen, um den Misserfolg zu akzeptieren und wieder vorwärts zu blicken. Eine werteorientierte Führungskraft achtet auf sich und begegnet anderen gegenüber mit Achtsamkeit. Sie ist dankbar für das, was ihr geschieht, auch wenn es manchmal mit Schmerzen verbunden ist. Sie liebt ihre Freunde, weil sie sich selbst liebt, und ist fähig, das Glück mit ihnen zu teilen.

Wer werteorientiert führt, steigt nicht zweimal in denselben Fluss und macht sich immer wieder auf den Weg, der ihm erst im Gehen vertraut wird. Sein Begleiter ist die Sehnsucht, die er verlieren würde, wenn sie sich erfüllt. »Die Sehnsucht stirbt, wenn das Ziel erreicht ist, und damit stirbt auch der Traum«, sagte auch Udo Jürgens in einem Interview: »Sehnsucht ist die kreative Kraft, die alles treibt.«[37]

Das, was der Sehnsuchts- und »Wertevolle« tut, macht er mit völliger Hingabe und ohne sich allzu große Sorgen über die Konsequenzen zu machen. Er fällt lieber auf die Nase, als eine Chance zu verpassen. Wenn er etwas tut und weil er es liebt, Dinge zu bewegen, bittet er nachher lieber um Verzeihung, als vorher um Erlaubnis zu fragen. Er verzweifelt nicht, wenn etwas nicht nach Wunsch läuft. Er ist geduldig und hat den Mut, einfach zu springen, selbst wenn er nicht genau weiß, wo er landet. Denn wenn er sein ganzes Leben auf der sicheren Seite bleiben würde, hieße das, weiter mit dem zu machen, was er schon immer so gemacht hat. Er hat kein Problem, immer wieder neu anzufangen, zu verwerfen, zu korrigieren und wieder zu finden.

Er hat einen sprühenden Geist, denkt mit Leidenschaft kühn und quer und denkt weiter – auch nach Feierabend. Er hat Freude an Unvorhersagbarkeit und Unerwartetem, ist offen für die Erfahrungen anderer. Er macht nicht einfach seinen Job, Arbeit ist ihm ein echtes Bedürfnis. Er ist authentisch und kann nur deshalb als Führungskraft überzeugen. Was das bedeutet, veranschaulicht folgende Anekdote: Zu Beginn der Französischen Revolution machte Graf Mirabeau auf den noch unbekannten Abgeordneten aus der nordfranzösischen Stadt Arras aufmerksam – Robespierre: »Der wird es weit bringen; denn er glaubt alles, was er sagt.«[38]

Ein solcher Mensch kann sich auch zurücknehmen und ist deshalb präsent. Er ist bedeutsam, weil er nicht nur an sich denkt wie alle Unbedeutenden, die sich wichtig nehmen. Er vertraut sich dem Leben an, das ihm täglich neue Chancen bietet. Doch um die Hände für Neues frei zu haben, muss er zuvor Dinge loslassen. Die Sängerin Kim Wilde sagte dazu in einem Interview:

»Halte in deinem Leben immer ein bisschen Platz für etwas Neues frei. Ich stelle mir mein Leben immer wie einen Kühlschrank vor. Manchmal ist er total überfüllt, dann muss ich ein paar Sachen rausnehmen, sonst habe ich keinen Platz mehr für schöne, frische Sachen. Es gibt Menschen, die nie etwas wegschmeißen, aber ich will keine alten, verdorbenen Sachen behalten. Sie stinken und nehmen Platz weg.«[39]

Eine werteorientierte Führungskraft kann nicht nur im richtigen Moment loslassen, sondern auch in sich gehen, bei sich bleiben, und gerät demzufolge niemals außer sich. Sie weiß, dass sie niemals etwas verlieren kann, weil ihr nichts gehört. Sie hat einen langen Atem, lässt den Dingen ihre Zeit und weiß, dass alle Weisheit langsam ist. Das setzt voraus, dass man mit Veränderungen und Veränderungsprozessen umgehen kann.

Selbstwerdung hat auch mit Selbstbegrenzung zu tun, die zuweilen gesprengt werden muss, wenn es darum geht, sich zu ent-wickeln. In diesem Zusammenhang sei an ein Bild erinnert aus Hermann Hesses Roman »Demian«: »Der Vogel kämpft sich aus dem Ei. Das Ei ist die Welt. Wer geboren werden will, muss eine Welt zerstören.«

So funktionieren auch Veränderung und Innovation[40]: Ohne etwas zu verlassen und zu verlieren, kann sich nichts Neues ent-wickeln. Das gilt auch für Führungsprozesse, die zuweilen mit Kämpfen verbunden sind, die jeder auch gegen sich selbst gewinnen muss durch zähes und ständiges Verschieben der eigenen Limits sowie durch die stetige Korrektur erkannter Fehler. Aber: »Ohne Vertrauen kein Mut, die eigenen Grenzen zu verschieben«[41], schreibt Gertrud Höhler.

Werteorientierte Führung verlangt Menschenkenntnis, feine Antennen für das eigene Umfeld, denn nicht jeder ist auf der gleichen Welle ansprechbar. Eine gute Führungskraft zeichnet sich weiterhin dadurch aus, dass sie sich der Verantwortung sich selbst gegenüber bewusst ist, aber auch sorgend Anteil am anderen nimmt und zuhören kann.

Eine werteorientierte Führungskraft ruht sich nicht auf vergangenen Erfolgen aus (nichts ist für sie gefährlicher) und sucht stets das Lebendige und niemals die toten Buchstaben. Zu ihrem Führungsstil gehören Fairness und das Wahren der »Gürtellinie«. Sie leitet andere dazu an, ihren eigenen Lebensweg zu gestalten und befähigt sie dazu, sich selbst zu führen. Sie ist Ermöglicher statt Bremser und schwimmt auch gern einmal gegen den Strom. Erfolg und Scheitern ist für sie Teil eines abwechslungsreichen Lebens. Für sie gilt nicht, dass Kontrolle besser ist als Vertrauen, sondern dass Nachfragen das Vertrauen stärkt.

Begeisterungsfähigkeit, Hingabe, Liebe und Einfühlungsvermögen sind ihr wichtiger als Autorität. Aufgeblasene Hierarchien und Bevormundungen sind ihr deshalb suspekt. Sie ist ein guter Kommunikator, Vermittler und Verbinder, die weiß, dass das Einzelkämpferdasein nicht funktioniert. Dabei ist sie ihren Aufgaben auch sprachlich gewachsen. Das »Warum« ist ihr nicht wichtig, sondern das »Wie«. Eine werteorientierte Führungskraft macht sich kein Bild über Menschen, bevor sie sich nicht mit ihnen verbunden hat. Leben ist für sie mehr als nur Business, persönlicher Erfolg und Geltung.

5 Grenzen überschreiten: Wie Musik neue Welten eröffnet und verbindet

Das perfekte Zusammenspiel

Was Führungskräfte von Dirigenten lernen können

Von Alexandra Hildebrandt

Musik überwindet Grenzen und bewegt Menschen. Ist das nicht auch die wichtigste Aufgabe eines Managers? Menschen dorthin zu bringen, wo sie in bestmöglicher Weise zusammen arbeiten können? Ist eine Führungskraft nicht wie ein Orchesterdirigent, der den Einsatz gibt und dafür sorgt, dass durch das Zusammenspiel der verschiedenen Talente das gewünschte Ergebnis (Kommunikation, Kooperation, Teamarbeit) erzielt wird? Dabei kommt es auf das perfekte Zusammenspiel von Spezialisten an und darauf, die Wahrnehmung füreinander zu schärfen. Orchestrierung bedeutet, dass die Instrumente nicht das Gleiche spielen, sondern gemeinsam ein Stück. Von einem Dirigenten kann man Führung lernen, und dass es nicht darauf ankommt, nur durch Arme zu dirigieren, sondern durch Atmung, Blicke und sparsame Kopfbewegungen. Auch kommt es nicht darauf an, am Pult eine Show abzuziehen (wie es einige Manager gerne tun) – entscheidend ist die bloße Präsenz des Dirigenten. Eine absolute Autorität gibt es hier allerdings nicht – das ist allein die Partitur, die auch zweite und dritte Geigen, begleitende und untergeordnete Stimmen enthält.

Der Journalist Lukas Hässig schrieb im Juli 2006 in DIE ZEIT: »Der Kopf von Fiat liebt es, das Lied von Eigenverantwortung, Ehrlichkeit, Fairness und Mut zum Risiko zu singen. Geht an die Grenzen, probiert Neues aus, heißt es dann.« Gemeint ist Sergio Marchionne, geboren 1952 in Italien. Als Mitglied des Verwaltungsrats berät er seit 2003 Fiat, im Juni 2004 beruft ihn der Turiner Autokonzern auf den Chefposten, seit 2005 führt er zusätzlich die Autosparte. Um Grenzen zu verschieben, geht der Mann auch schon mal ungewohnte Wege: »So brüteten die Kaderleute in der Zentrale der Alusuisse-Lonza seit Urzeiten hinter verschlossenen Türen über ihren Konzernabschlüssen. Bis zu jenem Tag Ende 1994, an dem die alte Welt unterging. ›Plötzlich waren alle Türen offen, und vom oberen Stock erklang der helle Gesang von Maria Callas‹, erinnert sich Alessandr Baldi, der damals in der Revision tätig war. Er wusste sofort, woher die Klänge kamen. Nur einer konnte sich erlauben, die Welt aus den Fugen zu heben.«[42]

Dass alle Musiker immer auch Grenzgänger sind, versteht sich von selbst, denn das, was sie tun, sprengt Grenzen. Geht doch die Musik ins Unendliche wie die menschliche Sehnsucht. Einige, unter ihnen der »Panikrocker« Udo Lindenberg, bezeichnen sich selbst als Grenzgänger: »Natürlich war immer viel Neugierde dabei, wenn man in die Katakomben absteigt. Viele meiner großen Songs sind in Ausnahmezuständen entstanden. Zum Teil waren es sehr interessante Experimente. Dass ich das überlebt habe, ist wirklich erstaunlich.«[43]

Es gibt aber auch Künstler, die sich nicht als Grenzgänger bezeichnen, sondern es SIND, so wie die Liebe IST. Zu ihnen gehört die Konzertpianistin und Wolfliebhaberin Hélène Grimaud, die nicht zuletzt durch ihre Autobiographie »Wolfssonate« (2005) bekannt wurde. Sowohl in der Utopie der ewigen Harmonie als auch in der Gefahr des Scheiterns sieht sie einen besonderen Reiz. Letztlich geht es ihr im Leben darum, jeden Fehler in noch mehr Kraft zu verwandeln.[44] Als rebellischer Teenager wurde sie von der Magie der Musik erfasst, indem sie ihre Leidenschaft für das Klavierspiel entdeckte. Von sich selbst sagt sie, dass sie ein linkshändiges Wesen sei. Sie wurde Umweltaktivistin, studierte Verhaltensforschung und gründete bei New York das »Wolf Conservation Center«. Hier verbindet sie Kunst und Natur sowie die Einsamkeit ihres Wolfrefugiums mit den Konzertsälen der Metropolen.

Die isländische Punksängerin Björk (geb. 1965) fragte sich nach vier Jahren »high speed«: »Wer bin ich? Was ist meine Musik? Wie klinge ich?« Sie rannte durchs Leben, als könnte ihr etwas entgehen. Deshalb versuchte sie, alle Grenzen zu durchbrechen, um sich entfalten zu können: »Ich mag kein Mittelmaß. Ich bin entweder sehr, sehr glücklich, oder ich bin sehr, sehr dies oder sehr, sehr das. Immer zwei ›sehrs‹.«[45] Nach der Scheidung ihrer Eltern wuchs sie bei der Mutter in einem Kommunen-Haushalt auf. Ihr erstes Album erschien, als sie elf Jahre alt war. Ab 1987 erlangte sie als Sängerin der Popband »The Sugarcubes« internationale Erfolge. Seit deren Auflösung 1992 machte sie sich als Solokünstlerin einen Namen. In Lars von Triers »Dancer In The Dark« reüssierte sie auch als Schauspielerin. Björk, inzwischen Mutter zweier Kinder und in zweiter Ehe mit dem amerikanischen Konzeptkünstler Matthew Barney verheiratet, kam zur Ruhe und beschloss nach Jahren, zu ihren Wurzeln zurück zu kehren. Ihr Lebens-Lauf zeigt einmal mehr, dass es irgendwann »doch immer dasselbe [ist], das andere«.[46] Die Suche danach ist vielleicht die Suche nach Gott, nach einer Mitte, einer Befestigung im Leben. Muss man sich also erst verloren haben, um sich selbst »finden« zu können? Muss man gestorben sein, um leben zu können?

Hermann

Hermann Rauhe

Prof. Dr. Dr. h. c. Hermann Rauhe, geb. 1930 in Wanna (Niederelbe), Musikwissenschaftler, Musikpädagoge, Wirkungsforscher. 1970 wird er Ordinarius für Musikpädagogik der Universität Hamburg. Von 1978 bis 2004 ist er Präsident der Hochschule für Musik und Theater Hamburg (seit 2004 Ehrenpräsident). In den 26 Jahren seiner Amtszeit führte er neue Studiengänge (Kultur- und Medienmanagement, Jazz) ein und entwarf vorausweisende Lehrangebote (Populärmusik, Musiktherapie). In zahlreichen Gremien und Verbänden (u. a. ZDF-Fernsehrat, Deutscher Musikrat) beförderte er den Austausch zwischen Fächern und Disziplinen. Einer größeren Öffentlichkeit wurde Rauhe durch ca. 50 ZDF-Sendungen (»Jeder braucht Musik«) bekannt. Er hält Vorträge über Musik und referiert regelmäßig in Managementseminaren zum Thema Kommunikation und Mitarbeiterführung. 2005 Wahl zum Ehrenvorsitzenden des Kuratoriums des Internationalen Forums für Wirtschaft und Kultur; 2006 Verleihung des Bundesverdienstkreuzes 1. Klasse. 2006 erschien seine Biographie »Nur wer selbst brennt, kann andere entzünden«.

Kopf, Herz und Hand verbinden

Musik als Modell eines menschlichen Managements

Ein Gespräch mit Hermann Rauhe[47]

INTERVIEW

Was hat Sie als Musiker, Wissenschaftler, Manager zum Grenzgänger gemacht und immer wieder motiviert?

Musik ist Gegenstand fast aller Wissenschaften, also ein Objekt interdisziplinärer Forschung und Betrachtung. Dies ist mir zum ersten Mal so richtig bewusst geworden, als ich 1968 den Eröffnungsvortrag für den ersten internationalen jazzwissenschaftlichen Kongress in Graz zum Thema »Der Jazz als Objekt interdisziplinärer Forschung« hielt.[48] Deshalb bin ich naturgemäß zum Grenzgänger geworden, zumal ich selbst nicht nur Musikwissenschaft und Musikpädagogik studiert habe, sondern auch Germanistik, Literaturwissenschaft, Psychologie, Soziologie, Theologie, Erziehungswissenschaften und Phonetik. Außerdem motivierte mich die Entstehung und Verbreitung neuer Wissenschaftszweige und Methoden, sie jeweils auf die Erforschung und Vermittlung von Musik anzuwenden.

Begreifen Sie Musik als ein Modell des menschlichen Managements von morgen? Können Sie den Prozess, der dabei in Gang gesetzt werden soll, definieren und auch die Zielpunkte nennen, die mit ihm zu erreichen sind?

Musik ist ein wichtiges Element für die menschliche Beziehungspflege, denn sie erreicht, sofern sie richtig gewählt wird, das Herz eines jeden Menschen. Jeder ist empfänglich für seine Musik, die zu ihm passt, auf die er gestimmt ist, die vielleicht sogar zu seiner Lebensmelodie geworden ist. Musik kann Menschen bewegen, erfreuen, zum Klingen und Schwingen bringen, Brücken bauen zwischen ihnen, verschlossene Herzen öffnen, aus seelischen Zwangslagen befreien. Sie tröstet Traurige und beflügelt Fröhliche. Wer sie hört und sich ihr hingibt, dem schmilzt das Eis ums Herz, bei dem taut Erstarrung, dessen müde gewordene Gefühle werden munter. Deshalb ist die Musik ein Modell menschlichen Managements. Ziel dieses menschlichen Managements ist die Verständigung und Beziehungspflege, die alle unsere Sinne mit einbezieht, sie sensibilisiert und weiterentwickelt. Durch persönliche

Zuwendung zum Menschen wird Begegnung ermöglicht und Gemeinschaft gestiftet.

Jeder Mitarbeitende in einem Unternehmen sollte Träger menschlicher Wertvorstellungen werden. Die Intensivierung einer so verstandenen menschlichen Unternehmenskommunikation und -kultur muss Gegenstand der Personalentwicklung sein und auf die ganzheitliche Entwicklung und Förderung der Kreativität und Kommunikationsfähigkeit zielen, die Kopf, Herz und Hand miteinander verbindet. Im Idealfall wird das Unternehmen von den Mitarbeitenden nicht nur als Arbeitsort, sondern als »Lebensort« erfahren.

Musik kann auch deshalb als Modell menschlichen Leitens dienen, weil das Singen und Musizieren unser Hören, unser achtsames Lauschen, unser einfühlsames Hineinversetzen in andere Menschen systematisch zu trainieren vermag.

Das Problem vieler Unternehmen liegt darin, dass die Manager und vor allem die Aktionäre nur die Zahlen sehen, die durch Controlling ermittelt werden, und dabei die Menschen vergessen.

Ingenium est ineffabile – »das Schöpferische ist geheimnisvoll« – so lautet ein alter Topos der Kreativität. Wo liegt für Sie Ursprung und Wesen der Kreativität?

Das größte Wunder im Bereich des Schöpferischen ist Gottes Schöpfung, sage ich als Christ. Und niemand hat jemals den Vorgang der Schöpfung wirklich ergründet oder begründet. Selbst die Errungenschaften der modernen Naturwissenschaften bis hin zur Genforschung sind nicht in der Lage, den Ursprung und das Wesen des Schöpferischen zu erfassen.

Gerne greife ich auf das Beispiel Musik zurück: Der Vorgang des Komponierens ist ein gutes Beispiel für das Wesen des Schöpferischen: Man kann Musiktheorie, Harmonielehre, Kontrapunkt, Instrumentation lehren und lernen, aber nicht den schöpferischen Vorgang des Komponierens. Dieser bleibt geheimnisvoll, hängt von der Inspiration, der Eingebung ab (so wie übrigens auch die großen Errungenschaften der Naturwissenschaft, wie etwa die Relativitäts- oder Quantentheorie).

Das Göttliche in der Musik Mozarts ist weder zu analysieren noch zu beschreiben. Der geniale Umgang selbst mit einfachen Formeln ist letztlich nicht beschreibbar. Und genau hier liegt das Wesen der Kreativität. Beethoven hat es mit seinem bekannten Zitat umschrieben: »Musik ist höhere Offenbarung als alle Weisheit und Philosophie.«

INTERVIEW

Als Jazzfan ist für mich die Originalität und Genialität einer Jazzimprovisation, etwa von Miles Davis oder Oscar Petersen, eindrucksvoller Beweis für Kreativität: Variationsmöglichkeiten und Spieltechniken sind lehrbar, nicht aber ihre geniale kreative Anwendung.

Der Begriff Kreativität wird heute inflationär gebraucht. Kreativität – so scheint es – gehört zu den Modewörtern, die definitorisch unbestimmt durch Wissenschaft, Kunst und Alltagskommunikation geistern. Überall gilt es, kreative Potenziale zu entdecken, ihre Innovationskraft zu messen und in ein entsprechendes Produkt zu kanalisieren. Wie stehen Sie zu dieser Entwicklung?

Die ökonomische Kanalisierung von Kreativität halte ich für problematisch. Denn sie führt letztlich zur Einengung der von Natur aus grenzenlosen Kreativität. Auf der anderen Seite bedürfen alle Bereiche unseres menschlichen Lebens einer Kreativität, auch unsere Gesellschaft. Hartmut von Hentig forderte schon vor 40 Jahren »social creativity« als Lernziel.

Wie sieht Ihres Erachtens ein gelingendes und nachhaltiges Zusammenspiel-Netzwerk zwischen Wirtschaft und Künstlern aus? Können Sie ein Szenario hierfür angeben, eine Vision skizzieren?

Hier möchte ich auf das Projekt des Weltkulturgipfels zu sprechen kommen, das das Internationale Forum für Kultur und Wirtschaft Dresden in einem Gründungssymposium im November 2007 in Dresden entwickelt und vorbereitet hat. Das Projekt geht von einem Kulturbegriff aus, der zugleich Antwort auf Ihre letzte Frage ist. Gemeint ist der Begriff Kultur als »verhaltensbestimmendes System von Werten, Normen und Symbolen«. Dieser Begriff ist noch weiter gefasst als der von Richard von Weizsäcker, der Kultur definiert als »Ausdruck der Art und Weise, wie wir miteinander umgehen«.

In beiden Fällen geht es um das menschliche Verhalten. Und dieses wird, wie ich oben bereits erläuterte, nach Erkenntnissen der Kommunikationsforschung eben überwiegend emotional und ästhetisch, d. h. wahrnehmungsgesteuert geprägt. Es geht also um Faktoren, die am ehesten durch die ästhetischen Prinzipien der Kunst zugänglich sind. Allein darauf kann man die große Bedeutung der Kunst und Kultur für alle Bereiche menschlichen Verhaltens und vor allem für das Zusammenwirken von Kunst, Wirtschaft, Politik und alle anderen Bereiche unseres Lebens zurückführen.

Ziel muss die ganzheitliche Gestaltung unseres Zusammenlebens durch die Kunst und Kultur sein. Menschen müssen lernen, das Leben zu bewältigen. Es geht um die Lebenskunst als Fähigkeit, mit sich und anderen umzugehen. Auch hier steht der Kulturbegriff wiederum im Mittelpunkt, in diesem Fall der von Richard von Weizsäcker.

Aber auch die »Fähigkeit zur Bewältigung von Lebenssituationen« (Robinsohn) gehört zur Lebenskunst. Wichtige Grundlage ist die Kultur der Bildung, bei der der Lehrer sich als Lernmotivator, als Sinn- und Beziehungsstifter versteht, als jemand, der soziales Lernen, das Lernen der Beziehungsfähigkeit in den Mittelpunkt stellt.

Wenn wir über Nachhaltigkeit reden, sprechen wir über soziale, ökonomische und ökologische Nachhaltigkeit. Wie würden Sie in diesem Zusammenwirken Kultur definieren?

Ziel sollte eine kulturelle Marktwirtschaft sein, deren Prinzip eben die kulturelle Nachhaltigkeit ist. Kulturelle Marktwirtschaft bedeutet, dass alle Bereiche unserer Gesellschaft als Teilbereiche der Kultur verstanden werden, d. h. die Wirtschaft, die Politik, die Religion, die Bildung und auch die Technik.

Meine Vision ist, dass Kultur Zukunft gestaltet. Überwunden werden müssen die von Roman Herzog in seiner berühmten Berliner »Ruck-Rede« kritisierte mentale Depression, die Motivationsarmut, der Egoismus, der Verfall der Kultur des Umgangs miteinander, der Diskussions- und Streitkultur im Sinne einer Konsensbildung über gesellschaftliche Ziele und politisches Handeln.

All diese Defizite können nur durch eine kulturelle Veränderung des Bewusstseins überwunden werden und nicht durch den Erlass weiterer Gesetze und Verordnungen. Deutschland ist ohnehin Weltmeister im Verbieten und erstickt in einer wachsenden Zahl immer komplizierterer Gesetze und Verordnungen. Diese Gesetze und Verordnungen prägen unser Bewusstsein weniger als Kunst und Kultur. Denn Bewusstsein setzt Wahrnehmung voraus. Je differenzierter und umfassender die Wahrnehmung ist, umso größer sind die Chancen zur Veränderung. Deshalb ist Kunst unverzichtbar für die Differenzierung der Wahrnehmung und die Bildung eines kulturellen Bewusstseins.

Kunst und Kultur, ästhetische Praxis und Erziehung sind mehr gefordert denn je. Denn sie schaffen Ganzheitlichkeit, Integration und Identität. Kultur als verhaltensbestimmendes System von Werten, Normen und Symbolen ist nicht nur Ausdruck der Art und Weise, wie wir miteinander umgehen, sondern prägt sie.

Zauberwald der Assoziationsfülle

Kreativität und Phantasie blühen im Minimalismus

Von Martin Hoemberg

Musikinszenierungen folgen immer häufiger einem Maximierungsprinzip. Wie kriegen wir das noch schriller? Wie wird eine Sensation draus? Den Eurovision Song Contest in Helsinki 2007 beispielsweise setzte eine 100-köpfige Technik-Crew in Szene. Alles muss schneller, schriller, härter, dramatischer werden. Aber worum geht es eigentlich? Ist Technik für den Menschen da? Oder der Mensch für die Technik? Wenn man die routinierte Maximierung betrachtet, kann man sich die Frage stellen: Wie ist der Mensch eigentlich »konstruiert«? Wie viele Reize hält sein Sensorium letztlich aus?

Psychosomatische Krankheiten wie Erschöpfung, Antriebslosigkeit, Depression oder Nervosität nehmen seit Jahren zu, ebenso stressbedingte organische Leiden. Bei all dem Überangebot spüren auch immer mehr Menschen, dass ihnen etwas Entscheidendes fehlt. Sie möchten ihren sensorischen Apparat nicht noch stärkeren Reizen aussetzen, sondern suchen nach Balance.

Die kulturelle Gegenbewegung zum routinierten Maximieren existiert bereits. Opera To Relax schafft durch Klangkunst eine intime Atmosphäre, sozusagen einen Zauberwald akustischer und visueller Reize mit großer Assoziationsfülle. Hier gilt die lustvolle Reduktion. Das Sound-Design verwendet zum Teil Umweltklänge; das können zum Beispiel auch »Corporate Sounds« eines Unternehmens sein. Strecken rhythmischer Trance gehen über in ruhige Momente des faszinierten Zuhörens. Als Resultat entstehen im Kopf des Zuhörers individuelle Bilder und die Phantasie bekommt Raum zur Entfaltung.

Tim

Tim Renner

Tim Renner, geb. 1964 in Berlin. 1970 Umzug nach Hamburg. 1984 Studium der Germanistik (abgebrochen). Danach tätig als Journalist bei Sounds, Scritti und diversen Musik- und Stadtzeitschriften. 1986 Einstieg bei dem PolyGram Label Polydor als A&R/Produktmanager. Als PolyGram 1998 mit Universal zu Universal Music Deutschland fusioniert, übernimmt er die Position des President Music. Anfang 2001 wird er zum CEO und Chairman von Universal ernannt. Mit dem Umzug von Hamburg nach Berlin finalisierte sich 2002 der von ihm betriebene Umbau des Unternehmens. Als Anfang 2004 Universal im Zuge der Krise der deutschen Musikwirtschaft die Struktur des Unternehmens maßgeblich ändern wollte, verließ er es. 2005 holte er Motor aus dem Universal-Konzern heraus. Er reaktivierte www.motor.de, das schnell das größte deutsche Rockportal wurde, startete das Downloadradio Motor FM und managt und veröffentlicht mit Motor Music Phillip Boa und weitere deutsche Künstler.

Weitere Informationen: www.motormusic.de

Nur wer erkennbar ist, kann sich abheben

Warum die Angst vor dem Verlieren Unternehmen leicht zu Verlierern macht

Ein Gespräch mit Tim Renner

INTERVIEW

Ist die Geschichte der Popmusik zugleich eine Geschichte der Grenzüberschreitungen und Rebellion?

Rockmusik entsteht dann, wenn Teenager im Rahmen des pubertären Selbstfindungsprozesses ansetzen, etwas zu komponieren, was ihre Eltern und Lehrer nicht verstehen sollen. Insofern ist die Rebellion expliziter Bestandteil des Rock. Rock wird wiederum zum Pop und somit massentauglich, wenn er Übersetzer aus der vorhergehenden Generation gefunden hat.

Was macht Sie zum Grenzüberschreiter?

Grenzüberschreiter wird man durch die kontinuierliche Neugier, was sich hinter der nächsten Ecke wohl verbergen mag.

Wann haben Sie zum letzten Mal etwas Riskantes gewagt?

Heute morgen, und das war nicht nur das Abbiegen bei Rot mit dem Fahrrad am großen Stern, sondern das sind auch die Investments, die wir antizyklisch mit Motor Music in einem kollabierenden Musikmarkt tätigen.

Weshalb ist Wagemut sicherer, als immer auf Nummer sicher zu gehen?

Einerseits bewegen sich in einer globalisierten, digitalisierten Welt die Märkte und Marktbedingungen zu schnell, als dass der vermeintlich bewährte oder erforschte Weg wirklich noch der sichere wäre, andererseits ist alles überall schnell duplizierbar geworden, trifft man also auf dem »sicheren Weg« scharenweise die eigene Konkurrenz.

Was bedeutet Ihnen der Satz: »Nur wenn ich weiß, wo ich eigen bin, weiß ich, dass ich eigenständig bin«?

Wir versuchen, Künstlern bereits von Beginn an klar zu machen, dass sie Eigenarten betonen und nicht kaschieren müssen. Grönemeyer erkennen sie am vernuschelten Gesang wieder, Till von Rammstein am gerollten R. Ein Logopäde hätte die Karriere beider zunichte gemacht, weil er sie der Eigenheiten beraubt hätte. Nur wer erkennbar ist, kann sich abheben. Erkennbar und eigenständig wird man aber durch die Konzentration und Überhöhung des Gegebenen, nicht durch Adaption.

Während Ihres Bewerbungsgesprächs als A&R/ Produktmanager (Talentsucher und Vermarkter von Künstlern) 1986 beim Hamburger Schallplatten-Marktführer PolyGram ließen Sie durchblicken, dass die Arbeit dort »in diesem Bereich über Jahre hinweg lausig verrichtet worden war«. In einem anderen Unternehmen hätten Sie mit Ihrer »Do-It-Yourself-Philosophie« wohl kaum eine Chance gehabt. Wie erklären Sie sich, dass der Geschäftsführer und der Abteilungsleiter für nationales Repertoire stattdessen Interesse zeigten und Ihnen zuhörten? Weshalb taten die beiden nichts, wenn ihnen doch bewusst war, dass »diese Industrie in Plastik gegossene Revolution verkauft«?

Die Wahrheiten in der Musikwirtschaft ändern sich seit jeher schnell, denn was gestern noch die ganze Welt bewegt hat, ist durch die nächste Welle, den neuen Trend, schon bald kalter Kaffee. Dementsprechend hellhörig muss man sein, wenn man angegriffen wird. Infragestellung ist der Job des Heranwachsenden, davon geht Erneuerung aus, sowohl in der Kunst als auch in der ganzen Gesellschaft. Diese Erneuerung aufzunehmen und zu produzieren, kommunizieren und distribuieren ist der Job der Musikwirtschaft. Mein Auftreten im Gespräch war insofern für meine späteren Vorgesetzten Ausdruck einer Haltung, die Bestandteil ihres Unternehmens sein muss.

Als Sie bei PolyGram begannen, wollten Sie eigentlich nicht lange bleiben, doch Sie trafen auf Freiräume und erhielten Verantwortung. Zuerst für die Kreuzberger Band Element Of Crime, dann für eine kleine »Progressiv«-Abteilung und später als Chef des Unterlabels Motor Music. Woran orientierte sich Ihr authentisches unternehmerisches Handeln?

Ich habe mein Berufsleben bislang immer nach zwei Maximen zu gestalten versucht:

1. Es ist völlig in Ordnung zu scheitern, solange man felsenfest an die Qualität dessen glaubt, was man tut.
2. Das, was man tut, bedarf einer fairen Chance, aber eine faire Chance muss immer aus mehreren Versuchen bestehen.

INTERVIEW

Ihr Führungsstil galt immer als unkonventionell. Was macht ihn aus?

Ich versuche in der Führung das Prinzip von maximaler Transparenz und Nähe zu praktizieren. Das geht soweit, dass sowohl bei Motor als auch bei Universal mein Büro gläsern ist.

Wichtiger als die pure Sichtbarkeit ist aber die Ehrlichkeit bezüglich aller für die Kollegen/Künstler relevanten Daten/Fakten.

In einer Zukunftswerkstatt Ihrer Firma haben Sie bereits 1993 heutige Standards wie Internet und File-Download vorhergesagt. Warum wurden diese Prognosen bei Polygram und bei Universal nicht ernst genommen?

Wieso haben die Eisenbahnbarone der USA nicht gemerkt, dass sie durch Autos und Flugzeuge angegriffen werden, wieso fällt es den Telekommunikationsgesellschaften so schwer, sich auf neue Geschäftsmodelle im Zeitalter der IP-Telefonie umzustellen?

Immer gilt: Je ertragreicher und erfolgreicher das ursprüngliche Geschäftsmodell ist, desto geringer die Bereitschaft, es selbst anzugreifen. Wer meint, viel zu verlieren zu haben, wird langsam und unflexibel und ist meist das erste Opfer im Wandel.

1994 gründeten Sie das alternative Label Motor Music, das auch für Grenzüberschreitungen stand, denn hier ging es um Musik mit Haltung, also um all das, »was in großen Plattenfirmen unter die Räder zu kommen drohte, weil es außerhalb der Norm lag«, schreiben Sie in Ihrem Buch. Dem gegenüber heißt es in einem Spiegel-Interview, dass Sie wie alle bei Motor vom ungeheueren Erfolg beeinflusst waren und inhaltlich auch banale Platten zuließen. Wie passt das zusammen? Und ist Ihnen das heute peinlich?

Dadurch, dass Motor Neues wagte und dabei nebenbei auch noch als erste Plattenfirma die boomende Technobewegung voll abbildete, wurden wir ungeheuer erfolgreich. Somit wurden wir zur Adresse von allen, die schnellen Erfolg wollten. Geschmeichelt von diesem Andrang und fasziniert von den eigenen Erfolgen haben wir dann viel zu viel zugelassen, was nach der schnellen Mark am Güterbahnhof, nicht aber nach eigener Idee und Substanz roch. Peinlich ist mir das nicht, aber noch mal genauso tun würde ich es auch nicht.

INTERVIEW

1998 wurden Sie zum »Musik-Präsidenten« von Polygram Deutschland befördert und erlebten die Übernahme durch den kanadischen Schnapskonzern Seagram mit, der drei Jahre zuvor bereits Universal Music erworben hatte. Eine Megafusion stand bevor – verbunden mit jährlichen Einsparungen von 300 Millionen Dollar.
Was hat Sie veranlasst, als Deutschland-Chef des inzwischen mit Polygram fusionierten Plattenkonzerns Universal Music zurückzutreten?

Die Art und Weise, wie diese Einsparungen global gleichgeschaltet durchgezogen werden sollten, waren Kernbestandteil meines Konflikts. Weder sah ich ein, dass sich die Firma wieder umorganisieren und statt an Szenen an Produkt-Sources orientieren solle, noch hielt ich es für richtig, die Ausgaben im einzigen Wachstumsbereich, nämlich dem lokalen Repertoire, drastisch zu kappen. Im ersten Punkt war ich im Unrecht, denn Universal läuft auch in der neuen Struktur gut, im zweiten haben mir die Erfolge der nationalen Interpreten dann zum Glück Recht gegeben.

Haben Sie die Erfahrung gemacht, dass Ihre Gestaltungsmöglichkeiten geringer wurden, je höher Sie in der Hierarchie kamen?

Je höher man in der Hierarchie kommt, desto mehr Leute müssen das, was man gerade tut, nachvollziehen können. Immer mehr Zeit geht deshalb statt in Kreation in reine Kommunikation, das schränkt die Möglichkeit zur Gestaltung deutlich ein. Hinzu kommt, dass Mitarbeiter, um sich zu entwickeln, weitgehende Freiheiten, verbunden mit maximaler Verantwortung, brauchen. Das heißt aber, die Rolle des Chefs wird dann zunehmend die eines Beobachters und Ausputzers.

Ihr Buch über die Musik- und Medienindustrie, »Kinder, der Tod ist gar nicht so schlimm«, beginnt mit den Worten: »Dies ist die Geschichte eines Scheiterns. Meines Scheiterns.«
Woran sind Sie gescheitert?

Gescheitert bin ich an Strukturen und Abläufen, die ich nicht zu ändern vermocht habe und die von der Logik eines Kapitalmarktes getrieben werden.

In einer Passage beschreiben Sie die Begegnung zwischen dem damals 47-jährigen Vorstandsvorsitzenden von Bertelsmann, Thomas Middelhoff, und dem 20-jährigen Computerhacker und Napster-Gründer Shawn Fanning, dessen Idee einer dezentralen Tauschbörse für Popsongs innerhalb von zwei Jahren das gesamte Internet verändert und die Musikbranche zutiefst erschüttert hatte. Das war im September 2000. Weshalb sprechen Sie von der »Begegnung zweier Wunderkinder«? Wofür stehen diese Wunderkinder? Und was haben sie mit Ihnen selbst zu tun?

Beide waren in der Lage, die Wirklichkeit neu zu denken. Der eine, indem er einen behäbigen westfälischen Medienkonzern zum modernen Global Player umbaute, der andere, in dem er den Gemeinschaftsgedanken des Internets erkannte und in einer Plattform weiterdachte. Beide wollten das Richtige, beiden ist es aber nicht gelungen, sich mit ihren Ideen durchzusetzen. Dennoch haben beide die Wirklichkeit von Medienunternehmen nachhaltig verändert. Im viel kleineren Rahmen habe auch ich das versucht.

Weshalb ist es Ihrer Meinung nach höchste Zeit, »das Musikgeschäft neu zu denken«?

Wir haben keine Krise des Musikgeschäfts, sondern eine Krise der noch immer von Tonträgern abhängigen Industrien. Digitalisierung ermöglicht den Künstlern eine andere Form von Selbstständigkeit in Sachen Produktion (billiger), Kommunikation (vielfältiger) und Distribution (einfacherer Zugang). Diese neue Wirklichkeit verlangt nach neuen Arten von musikwirtschaftlichem Unternehmen.

Sie sagten einmal, dass der Markt auch ein Repertoire aus Szenen und Nischen braucht, um authentische Inhalte zu entwickeln.
Wie können Nischenkonzepte auch für eine weltweit vertretene Marke funktionieren?

Die Nische braucht klare Identitäten und hoch spezialisierte Zuträger. Im Bereich Klassik und Jazz macht die Industrie es mit Marken wie Verve und Deutsche Grammophon schon vor, wie dies auch global gehen kann …

Können Sie die in Ihrem Buch benannte Krise der Inhalte, die eintreten kann, »wenn Kapital ungebremst und ungemanagt auf Kultur trifft«, aus der Perspektive der Gegenwart beschreiben?

Kapital braucht Planbarkeit. Nicht umsonst reporten börsennotierte Unternehmen in Quartalen. Künstler können aber ihre Kreativität nicht Zyklen unterwerfen. Kapital braucht die Möglichkeit der stufenweisen Optimierbarkeit. Kultur, da von Natur aus subjektiv, ist jedoch nicht im Sinne des Kapitals optimierbar.

Stephan

Stephan Frucht

Dr. Stephan Frucht, geb. 1972, studierte nach dem Violin-Diplom an der Berliner Universität der Künste vier Semester Dirigieren an der Hochschule für Musik »Hanns Eisler«, bevor er für kurze Zeit als Orchesterdirektor der Philharmonie der Nationen tätig war. 2003 wurde er Referent der CDU/CSU-Bundestagsfraktion in der Enquête-Kommission »Kultur in Deutschland«.
Parallel zu seiner künstlerischen Ausbildung studierte er Humanmedizin und promovierte 2002 an der HU Berlin.

Stephan Frucht ist Buchautor, Inhaber eines Musiklabels und Herausgeber zahlreicher CD-Produktionen. Als gewählter Vertreter der Dirigenten ist er Mitglied des Beirates in der Gesellschaft zur Verwertung von Leistungsschutzrechten (GVL). Seit Mai 2006 arbeitet er als Geschäftsführer des Kulturkreises der deutschen Wirtschaft im Bundesverband der Deutschen Industrie (BDI).

Weiterführende Informationen:
www.kulturkreis.eu

Solo inter pares

Ein Dirigent ist ohne Musiker so wenig wie ein Manager ohne Einklang mit seinen Mitarbeitern

Ein Gespräch mit Stephan Frucht

I N T E R V I E W

Was macht Sie zum Grenzüberschreiter? Oder bezeichnen Sie sich eher als Grenzgänger?

Grenzen sind dazu da, um überschritten zu werden. Wir müssen einfach akzeptieren, dass unser Dasein der Unendlichkeit unterliegt. Würden wir bei einem Flug ins Universum nach Billionen von Lichtjahren irgendwo an die räumliche »Grenze« der Welt gelangen, so würden wir uns doch fragen: Was ist hinter dieser Grenze? Wenn Platon sagt: »Nichts existiert ohne sein Gegenteil«, dann wissen wir alle, dass warm nicht ohne kalt existiert, hoch nicht ohne tief und schnell nicht ohne langsam. Was er aber meint, ist: Wo eine Grenze existiert, dort gibt es immer auch eine Unendlichkeit, die die Grenze erst Grenze sein lässt. Daher laden Grenzen förmlich dazu ein, sie zu überschreiten. Dazu gehört nicht einmal viel Mut. Ich selbst würde mich sogar eher als ängstlichen denn als mutigenMenschen charakterisieren. Aber in mir brodelt eine ungeheuere Neugierde, eine Freude, etwas zu erleben, was mir bisher verborgen blieb. Ich meine damit nicht, in die Einsamkeit der südamerikanischen Anden zu reisen oder einen Achttausender zu besteigen; nein – etwas Neues passiert unmittelbar um mich herum, zu jeder Uhrzeit. Dieses Neue will von mir erlebt werden. »Grenzgänger« verstehe ich nicht so sehr gesellschaftlich-geopolitisch, schon gar nicht sozialtheoretisch, sondern viel eher »gefühlt non-konform«.

Ein Grenzgänger muss nicht mutig sein, er kann sogar das Gegenteil eines Helden sein, aber er wird immer versuchen, sich klischeehaften Stereotypen zu widersetzen, mal spielerisch, mal offensiv, mal ironisch. Ein Grenzgänger will die Andersartigkeit erleben, sie zelebrieren und nimmt dafür bewusst sein eigenes Scheitern, ja seine Ausgrenzung in Kauf. Er lässt sich nicht von Strömungen leiten, sondern handelt nach Instinkt und Neigung.

Was meine Person anbelangt, so könnte man mich möglicherweise als Grenzgänger bezeichnen, weil bei mir auf jedes »Haben« ein »Wollen« folgt.

Die wichtigste Aufgabe eines Managers ist es, Menschen dazu zu bewegen, in bestmöglicher Weise zusammen zu arbeiten. Ähnlich wie ein Orchesterdirigent sorgt er dafür, dass durch das Zusammenspiel der Talente verschiedener Spieler das gewünschte Ergebnis erzielt wird. Was kann eine Führungskraft von einem Dirigenten lernen?

Dirigenten und Manager können sehr viel voneinander lernen. Beide sollen fordern und geben, gestalten und führen, müssen aber ihre Mitspieler mitnehmen. Ein Dirigent ohne Orchester ist ebenso erfolglos wie ein Manager ohne Mitarbeiter. Dirigenten sind heute sehr viel mehr auch Manager als sie es früher waren. Sie kümmern sich vielfach auch um Marketing, um Dramaturgien, um Recruitment und um konkrete Finanzfragen.

Manager hingegen sind sehr viel mehr auch Dirigenten, als sie es selbst oft glauben. Sie müssen animieren, den »Takt« vorgeben, auf die Balance achten, die Dynamik gestalten, eingreifen, korrigieren, Halt geben. Vor allem müssen Manager auch non-verbal kommunizieren, eine Aufgabe, die zu den wichtigsten Fähigkeiten der Dirigenten gehört. Die non-verbale Kommunikation von Führungskräften sollte keinesfalls unterschätzt werden; ich plädiere daher leidenschaftlich dafür, dass Führungskräfte in der Wirtschaft, Wissenschaft oder Politik richtige Dirigierkurse besuchen. Was Disziplin und Körperbewusstsein anbelangt, so ist der Dirigent extrem gefordert. Wer jemals versucht hat, den Tristan oder Mahlers 9. Symphonie zu dirigieren, braucht nicht nur eine enorme Körperbeherrschung, sondern auch Geduld, Spannkraft, Atem und Hingebung. Hier ist der Dirigent vielleicht noch mehr gefordert als der Manager, weil die Kombination aus körperlicher, geistiger und vor allem emotionaler Arbeit extrem anstrengend ist. Vor diesem Hintergrund mag man sich vielleicht fragen, ob die Berufsbezeichnung »Ministerialdirigent« in der Verwaltung hält, was sie verspricht …

Muss ein Dirigent Grenzen überspringen?

Nein, definitiv nicht. Viele Dirigenten versuchen sogar mit extremer Akribie, gewisse Grenzen – vor allem innerhalb des Werkes – einzuhalten. Ich selbst halte davon zwar wenig, akzeptiere aber, wenn ein Künstler sich zurücknehmen und eine definierte Selbstbegrenzung vornehmen möchte. Früher gingen Komponisten viel freizügiger mit dem Material ihrer Kollegen um als wir heute. Bach hatte einige Werke von Vivaldi einfach bearbeitet und umgeschrieben. Selbst Schönberg war im Umgang mit solchen »Werksgrenzen« nicht nur sehr freizügig, sondern extrem erfinderisch.

Und jeder halbwegs gebildete Musiker weiß auch, dass der »Urtext-Übervater« Nikolaus Harnoncourt auch nicht Mozart-Urtext dirigiert, sondern Mozart-Harnoncourt, ebenso wie der geniale Jasha Heifetz auch nicht Mendelssohn gespielt hat, sondern Mendelssohn-Heifetz. Die Genialität des Künstlers kann also gerade auch darin bestehen, das an sich schon geniale Werk eigenmächtig zu gestalten. Verwerflich finde ich das nicht; vielmehr glaube ich sogar, viele Komponisten hätten daran ihren Spaß gefunden. Ich kann also auch hier guten Gewissens dazu raten, Grenzen zu überschreiten; und wenn man es dann schon tut, dann ist ein offener Umgang damit sogar manchmal liebenswert.

Kann ein Orchester auch ohne Dirigent spielen?

Ja. Nur umgekehrt wird es schwierig.

Wie lässt sich die Beziehung zwischen Orchester und Dirigent beschreiben?

Man kann den Dirigenten nicht ohne sein Orchester betrachten, umgekehrt ist das schon eher möglich. Viel zu oft verkennen Dirigenten ihre eigentliche Aufgabe, wenngleich sich auch das Orchester viel zu gerne einfach auf die »starke Hand« des Dirigenten verlässt.

Optimalerweise ergeben Dirigent und Orchester eine Symbiose. Die Wahrheit dieser These beweist sich übrigens allein schon aus der Historie. Die Dirigenten verstanden sich von Anfang an als »solo inter pares«, sozusagen als Gleiche unter Gleichen, weil sie selbst aus dem Orchester als Musiker hervorgingen. Der Taktstock, der im Grunde nur einen rudimentären Geigenbogen des ersten Violinisten im Orchester symbolisiert, liefert hierfür den Beweis. Ursprünglich standen die Dirigenten sogar mit dem Gesicht zum Publikum, so wie die übrigen Orchestermusiker auch.

Aus der Emanzipation größer besetzter Werke und der sich etablierenden Kapellmeister-Tradition entwickelte sich eine immer stärkere Fokussierung auf den Dirigenten, welcher die Geschicke des Ensembles leiten und verantworten soll. Dies führte dazu, dass von Freud geprägte Deutungstheoretiker den Taktstock gerne zu einer Art Phallus-Symbol umetikettiert hätten. Wahr aber ist, dass die Verantwortung für die künstlerische Leistung im Konzert vor allem bei den Musikern selbst liegt, ebenso wie ein Fußballtrainer auch nicht auf dem Platz für seine Mannschaft gewinnen kann. Wenn jedoch Orchester und Dirigent zu einer energetischen Einheit verschmelzen, befähigt diese sich selbst dazu, eine musikalische Botschaft an das Publikum und vielleicht noch darüber hinaus zu hinterlassen.

Kann sich ein Dirigent verletzen?

Physisch erletzt sich ein Dirigent äußerst selten. Es hat allerdings schon diese hässlichen Löcher gegeben, die sich den angewiderten Musikern in Form einer vom spitzen Taktstock durchbohrten Hand darboten. Psychisch verletzt sich ein Dirigent dagegen (hoffentlich) täglich, weil nur die quälende Auseinandersetzung mit der Musik die nötige Intensität der Wahrnehmungstiefen erzeugen kann. Geistige oder psychische Verletzbarkeit ist meines Erachtens also geradezu Voraussetzung für ein differenziertes und erfüllendes musikalisches Schaffen.

Was bedeutet Musik für Sie persönlich?

Ohne Musik wäre mein Leben anders verlaufen. Ich habe Musik schon in allen Ausprägungen geliebt und gehasst. Unabhängig davon möchte ich aber nicht von Musik »im Allgemeinen« sprechen. Ich persönlich kenne Musik vor allem als professionelles Betätigungsgenre im klassischen Sinne. Natürlich ist Musik sehr viel mehr, sie ist zugleich Unterhaltung, Liebe, Spaß, Konsumobjekt, Medium. Diese zusätzlichen Eigenschaften von Musik schwingen bei meiner Auseinandersetzung mit Melodie und Rhythmus natürlich immer mit; professionell beschäftige ich mich aber nur mit einem kleinen Ausschnitt dessen, was man Musik nennt. Ich unterscheide dabei nicht »gute« oder »schlechte« Musik, »klassische Musik« oder »Pop-Musik«, auch nicht »alt« oder »neu«.

Für mich gibt es nur ein Kriterium: Die Musik sagt mir etwas oder sie sagt mir nichts. Nur die Musik, die mir etwas sagt, kann ich mit der von mir selbst erwarteten Qualität betrachten oder wiedergeben.

Was muss getan werden, damit sich in Unternehmen ein Gleichgewicht zwischen wirtschaftlicher und ethischer Verantwortung einstellt?

Es muss sich ein Bewusstsein ausprägen (ich bevorzuge das Wort »ausprägen« gegenüber dem Wort »etablieren«, da bei vielen Unternehmen so ein positives Bewusstsein bereits existiert), dass wirtschaftliches Handeln nur auf dem Boden freiheitlicher und verantwortungsvoller Gesinnung erfolgreich sein kann.

Langfristig kann eine Organisation – sei es ein Wirtschaftsbetrieb, ein Verein, ein Konzern, eine Stiftung oder auch eine Partei – nur existieren, wenn sie die Menschen mitnimmt, die sie umgeben.

Konkret heißt dies: Ethische Grundsätze und wirtschaftlicher Erfolg bedingen einander. Es gibt zwar auch viele historische Gegenbeispiele, allerdings gehört es zu meiner festen Überzeugung, dass deren Scheitern nur eine Frage der Zeit ist. Jede Unternehmung, die ethisch-moralischen Prinzipien zuwider handelt, erzeugt einen immanenten Gegendruck, der negativ in die Organisation hineinwirkt. Ab einer gewissen Spannung ändert sich entweder das Unternehmen oder die gesellschaftlich-moralische Überzeugung. Da eine Gesellschaftsethik über einen unendlichen Zeitraum gesehen aber etwas Absolutes ist, führt der Irrweg einer nachhaltig unethischen Unternehmensführung automatisch mit der Zeit in den Ruin der Organisation.

Abgesehen von dieser Gesetzmäßigkeit müssen präventiv regelmäßige Anstrengungen unternommen werden, damit ein Gleichgewicht zwischen unternehmerischer Freiheit und gesellschaftlicher Verantwortung geschaffen wird. Daher sind die Abteilungen »Corporate Social Responsibility« (CSR) in den Unternehmen wichtige Koordinationsstellen, die einerseits die Unternehmensstrategie vor Augen haben, gleichzeitig aber ein Ohr an der Stimmung im Betrieb und an der Unternehmensumwelt haben. Jenseits der Großunternehmen, die sich eine solche Abteilung leisten können, empfinde ich persönlich das Modell der »inhabergeführten« Unternehmen als besonders vorteilhaft.

Familienunternehmen, die über Generationen hinweg bestehen, besitzen sehr häufig eine besonders nahe Bindung an die Mitarbeiter und verhalten sich daher auch entsprechend verantwortungsbewusst.

Sehr oft verkörpern solche Unternehmer die Identifikationsfigur einer Stadt oder Gemeinde. Als regionaler Arbeitgeber sind Unternehmerpersönlichkeiten und ihr Unternehmen oft noch wichtiger für die Bevölkerung als der ansässige Bürgermeister.

Inwiefern sind Mehrdimensionalität und Vielfalt eine besondere Chance für Unternehmen?

Die Frage beantwortet sich insofern von selbst, da für jedes erfolgreiche Unternehmen mehrdimensionales Handeln und eine diversifizierte Sichtweise unabdingbar sind. Selbst wenn ein Unternehmen eine monothematische Produktstrategie hat, so ist es doch Teil einer vielschichtigen Wirtschaftsordnung und muss sich in einem Kräftefeld unterschiedlichster Aktionsparameter bewähren.

Unternehmen bestehen aus Mitarbeitern völlig unterschiedlicher Biographien, manchmal sogar völlig unterschiedlicher Kulturen. Je globaler ein Betrieb tätig ist, umso wichtiger ist es, diese verschiedenen Kulturen zu verstehen.

Weshalb sollten Politiker und Manager auch einmal unpopuläre Wahrheiten aussprechen?

Weil die Menschen es satt haben, wenn sich Funktionäre hinter Sprechblasen verstecken. Dazu gehört aber auch, dass die Menschen mit dieser Wahrheit richtig umgehen. Wenn über unpopuläre Wahrheiten das »Volk« zur Abstimmung gerufen wird, so unterliegt das Votum häufig dem Einfluss populistischer Meinungen oder plakativer Medien. Ich halte deshalb wenig von Volksentscheiden, da eine große Population von Meinungen die Wahrnehmungsschwelle subtiler Differenzierungen herabsetzt.

Erforderlich ist es also, unbequeme Wahrheiten auszusprechen; ebenso erforderlich ist es aber, mit diesen Wahrheiten professionell umgehen zu können.

CHANEL
KIEHL'S

6 Neue Maßstäbe setzen: Was wir von Kunst und Design lernen können

Einen Job absitzen, ist zu wenig

Architektur muss auch gesellschaftlichem Wandel und ökologischen Ansprüchen gerecht werden

Von Marc Becker

Dem 21. Jahrhundert gerecht zu werden, das heißt nach neuen Konzepten zu suchen, die sowohl dem gesellschaftlichen Wandel als auch ökologischen Ansprüchen gerecht werden. Ich denke, man sollte in seinem Leben nicht nur einfach einen Job suchen und für ihn 40 Stunden in der Woche absitzen, sondern eine »Berufung« für sich entdecken, die sich dann zu einer Passion weiterentwickeln könnte.

Architektur sollte dem Betrachter und Nutzer etwas mit auf den Weg geben, ein Gefühl vermitteln und zum Verweilen einladen. Dazu darf sie meiner Meinung nach durchaus auch spektakulär sein und sollte sich nicht immer zurücknehmen. Die Menschen sollten sich auch nach langer Zeit noch an gute Architektur erinnern und davon inspiriert werden.

Gute Architektur geht über die reine Gestaltung hinaus, weil sie eine Message transportieren muss – gerade im Bereich von Corporate Architecture. Auch geht es bei Architektur immer um Funktion. Das bedeutet, dass man sich mit den Nutzern befassen muss – egal ob es sich um ein Firmengebäude, einen Shop, einen Messestand oder ein Wohngebäude handelt. Dabei geht es auch um die Vermittlung eines Lebensgefühls, um Kunden an eine Marke emotional zu binden.

Ein Architekt muss vor allem ein guter Beobachter sein, sämtliche Strömungen in der Gesellschaft interpretieren und in seine Arbeit einfließen lassen. Ich habe schon in jungen Jahren den Drang gehabt zu gestalten und Spaß an gutem Design gehabt. Es macht mir große Freude, den Menschen durch gute Gestaltung etwas zu vermitteln.

Unternehmen haben von Design enorme Wettbewerbsvorteile, in vielen Bereichen können Firmen sogar nur aufgrund guten Designs überleben. Das kann das Design der Produkte selbst sein, das können gut gestaltete Marketingkampagnen und Messeauftritte, aber auch die Architektur der Unternehmensgebäude sein. All diese Dinge tragen dazu bei, dem Kunden nicht nur Produkte, sondern auch Emotionen zu verkaufen. Je größer der Anteil der Emotionen ist, desto größer ist der Wettbewerbsvorteil.

Corporate Identity und Design sind unabdingbar miteinander verbunden, da der Kunde das Design erlebt und interpretiert und mit seiner Produktwahl immer auch ein Statement abgeben möchte. Corporate Design und Corporate Architecture ermöglichen überhaupt erst die Schaffung einer Marke, indem sie etwas vermitteln und dem Kunden ein Erlebnis bieten.

Markus A

Markus Artur Fuchs

Markus Artur Fuchs, geb. 1971 in Heidelberg. Abitur, Ausbildung zum Maler und Lackierer. Studium an der Hochschule für angewandte Wissenschaft & Kunst Hildesheim (Fachbereich Kommunikationsgestaltung, Schwerpunkt Farbe) und an der Kunstfakultät der Universidad Complutense de Madrid (Malereiklasse Mariano de Blas). 1998 Gründung der Ateliergemeinschaft »kontext designlösungen«. 1998 bis 2000 ergänzende Fortsetzung des Studiums an der Staatlichen Hochschule für Gestaltung Karlsruhe.

2002 bis 2004 Lehrauftrag an der Philipps-Universität Marburg im Fachbereich Germanistik und Kunstwissenschaften mit dem Fokus »Gestaltung im öffentlichen Raum«. 2005 Gründung von KONTEXT KOMMUNIKATION in Heidelberg (Schwerpunkt: Strategische Unternehmenskommunikation, Unternehmensreporting und CSR-Projekte).

Weiterführende Informationen:
www.kontext-kom.de

Grenzen überschreiten, inne halten

Kommunikation, Design und die Kunst, immer wieder zu probieren, wie man es machen könnte

Ein Gespräch mit Markus Artur Fuchs

Haben Sie grenzenloses Vertrauen ins Leben?

Ja. Nach jeder Phase des Zweifelns mehr als je zuvor.

Welche Grenzen mussten Sie überschreiten, um Ihre Freiheit in dem zu finden, was Sie tun?

Als kleiner Junge träumte ich immer davon, große Deckengemälde zu schaffen – wie die Brüder Asam, Zick, Tiepolo oder gar Michelangelo. Die Erkenntnis, dass heute mit den bautechnischen Revolutionen und der kulturgeschichtlichen Entwicklung im 20. Jahrhundert dieses Thema höchstens auf epigonalen Schauplätzen behandelt wird, enttäuschte mich zunächst und lenkte meine Aufmerksamkeit auf den Erhalt und die Bewahrung historischer Kulturgüter.

In meiner Hochschullausbildung habe ich nach drei Tagen inklusive drei schlafloser Nächte einen der fünf begehrten Studienplätze für »Restaurierung von Wandmalerei« aufgegeben und mich gegen die Übernahme der väterlichen Restaurierungswerkstätte entschieden. Die Sehnsucht nach Aufgaben wie dem Schaffen von Welten, ähnlich den klassischen Künstlern im Dienste regierender Auftraggeber, die faszinieren und verzaubern, aber gleichzeitig immer Teil einer übergeordneten Strategie sind, ließ mich nicht los, und ich ahnte, diese Aufgaben heute im Bereich Kommunikation zu finden. Nach dem direkten geglückten Wechsel in den Bereich Kommunikationsgestaltung spürte ich nach wenigen Tagen, dass ich hier richtig war.

Ein wesentlicher Aspekt für mein Verständnis und Gefühl von Freiheit heute ist die berufliche Selbstständigkeit, für die ich mich schon in der Endphase des Studiums entschieden habe – die Freiheit zu entscheiden, an welchen Themen meine Partner und ich arbeiten wollen und welche Themen wir gesellschaftlich als relevant erachten. In diesem Zusammenhang empfinde ich es als sehr große Bereicherung, inzwischen Corporate Social Responsibility-Projekte als Kommunikationsaufgaben für Unternehmen zu bearbeiten. Außerdem macht es mich heute sehr glücklich, ein bestimmtes Zeitkontingent für die Gestaltung von Orgeln in

Kirchenräumen zu haben, die in einer exklusiven Kooperation mit einem innovativen Orgelbauer entstehen. Hier habe ich das Gefühl, dass sich ein großer Bogen zu meinen Kindheitsträumen schließt. Ähnlich den Deckenbildern kann eine Orgel das Unaussprechliche ein Stück näher bringen. Die Verquickung von Objekt, Raum und Musik sind für mich eine wundervolle Herausforderung und ein synästhetischer Genuss.

Was motiviert Sie, sich in unerschlossenes Territorium vorzuwagen?

Neugier. Die Sehnsucht nach der Ferne. Die Annäherung an Träume. Das Interesse, Zusammenhänge zu erkennen, neue Verknüpfungen herzustellen und neue Perspektiven zu gewinnen. Ich bin immer wieder fasziniert davon, wie wir gewohnte, uns alltäglich umgebende Dinge nach neuen Eindrücken plötzlich ganz neu wahrnehmen können. In der Fabel »Der Alchimist« erzählt Paulo Coelho in einfachen Bildern von der Suche nach dem Faszinierenden in der Ferne, das sich eigentlich in unmittelbarer Nähe befindet:

»Fatima ist eine Wüstenfrau«, sagte der Alchimist. »Sie weiß, dass die Männer abreisen müssen, um heimkehren zu können. Sie hat ihren Schatz bereits gefunden: dich. Jetzt erwartet sie, dass auch du findest, was du suchst.«

Welches ist Ihre bereicherndste Erfahrung, wenn Sie an Ihre Grenzüberschreitungen zurück denken? Was hat sie in Ihrem Leben bewirkt?

Der Bruch einer Beziehung nach 13 Jahren war der gravierendste Einschnitt in mein Leben, der für mich mein bis dahin sehr kontrolliert verlaufendes Leben gänzlich in Frage gestellt hat. Sind die Dinge, mit denen ich mich beschäftige, wirklich wichtig? Wer braucht das, was ich mache? Gibt es keine sinnvolleren Beschäftigungen? Bestimmt kennen viele diese Fragen und wissen, dass in diesen Momenten die rationale Gewissheit um Erfolge kaum mehr eine Rolle spielt. Erst zum Zeitpunkt der inneren Bereitschaft, alles aufzugeben, hat sich beruflich eine neue Perspektive eröffnet und ereignete sich plötzlich alles sehr schnell.

Schadet Mittelmaß dem eigenen kreativen Tun? Kommt es nicht immer darauf an, es zu überschreiten, die Routine zu verlassen?

Routine und Rituale sind kostbare Rahmen, die unser Leben strukturieren, ihm Halt geben und uns vieles erleichtern können. Viele im Meer der überdosierten Sinnesreize Ertrunkene suchen heute fast krampfhaft nach Kompensierung bzw. Erfüllung. Die Kraft, die in Ritualen und einem geregelten Tagesablauf liegt, kann uns vor vielem schützen und unsere Energie aufbauen. Dies wird uns im Kloster täglich vor Augen geführt. Die

klösterlichen Gemeinschaften unterweisen heute viele Menschen in den Fähigkeiten der Kontemplation und der Spiritualität. Wir können nicht ständig Grenzen überschreiten, ohne inne zu halten und einen Blick auf unseren Kurs zu werfen. Dies heißt natürlich nicht nur, im Gewohnten zu verharren und nichts Neues zu wagen – im Gegenteil, es geht um eine Offenheit, basierend auf einem gesteigerten Bewusstsein für die Dinge, die wirklich zählen, und es geht darum, genau an diesen Stellen anzuknüpfen.

Es gibt Situationen im Leben, in denen wir gewohnte Pfade verlassen müssen, um unseren Horizont zu erweitern und unserer eigentlichen Bestimmung näher zu kommen. Im Brei der Mittelmäßigkeit lebt es sich ganz angenehm, aber dort entsteht auch nichts wirklich Großes und Bedeutendes.

Mussten Sie sich als Unternehmer und Künstler in das Terrain des Probierens und Zweifelns begeben, in dem Ihrem Denken keine Grenzen gesetzt sind? Und wo finden Sie es?

Sicher sind Probieren und Zweifeln wesentliche Voraussetzungen für Fortschritt. Sie sind aber auch kein Garant für Entwicklung, denn dazu gehört der Mut, eine Entscheidung zu treffen, für eine Sache einzustehen und sie morgen unter Umständen vielleicht auch wieder in Frage zu stellen. Dies hat nichts mit Beliebigkeit, sondern mehr mit Erkenntnis zu tun. »Nur wer sich ändert, bleibt sich treu.« Probieren, wie man es machen könnte. Zweifeln daran, wie man es bisher schon immer gemacht hat, aber es heute vielleicht nicht mehr den Rahmenbedingungen entspricht!?

Das Terrain des Probierens und Zweifelns kann ich mir überall eröffnen und jeder Situation mit einer gesunden Offenheit begegnen. Dogmatik hat in unserer Kulturgeschichte wenig Gutes hervorgebracht. Chance/Risiko: Anders zu denken, ist oft riskant, birgt jedoch auch neue Chancen. Wir können jeden Tag, in jedem Moment alles anders machen – dieser Gedanke ist doch wunderbar!

Welche Grenze würden Sie niemals übertreten?

Die Grenze zum Land der Intoleranz und der Gleichgültigkeit. Dort regieren Rücksichtslosigkeit und Einfalt.

Hatten Sie jemals das Gefühl, sehr viel mehr zu geben als zurückzubekommen?

Gefühle dieser Art sind nur von sehr kurzer Verweildauer und werden von der Gewissheit abgelöst, dass die Antworten und die Reaktionen auf Aktionen oft wieder aus einer ganz anderen Ecke zurückkommen. Ich glaube, dass jede Aktion auf kurz oder lang eine Reaktion hervorruft, die das Ganze dem Gleichgewicht wieder ein Stück näher bringt. Nicht zuletzt darum sollten wir in unserem Handeln auf ganzer Linie verantwortungsvoll sein.

Was berührt Ihr Herz?

Dinge, die unruhig machen und den Blick für das Wesentliche schärfen. Oft sind es Erfahrungen, die mit Kunst zusammenhängen: Der Gesichtsausdruck auf einem Gemälde von Caravaggio, eine Fuge von Bach oder das Requiem von Maurice Duruflé. Genauso berührend sind für mich aber auch Erfahrungen in der Natur: der Blick über die schneebedeckten Alpen, der Geruch von satten reifen Streuobstwiesen, das Rauschen des Meeres. Und dann gibt es da noch die menschlichen Begegnungen und die ganz persönlichen Erinnerungen. Zum Beispiel der Geruch und das Geräusch vom Einlassen des Badewassers, das Samstagnachmittags-Kindheitserinnerungen weckt. Jeden Tag ohne eine Berührung des Herzens empfinde ich als einen verlorenen – auch wenn manche Berührung mal weh tut. Vor ein paar Jahren habe ich für mich den Tango Argentino entdeckt. In diesem Tanz und in der Musik, vor allem von Astor Piazzolla, stecken für mich Grundweisheiten des Lebens – sozusagen als Metapher. Die richtige Mischung aus Bewegung und Ruhe finden – energisch voranschreiten und kurz darauf eine zärtliche Berührung der Fußspitzen. Die Achse im Paar spüren und mit ihr spielen. Wenn plötzlich alles verschmilzt: die Musik, das Paar, der Raum …

»Leise dem Wunder / wie einem Vogel / die Hand hinhalten«, schreibt Hilde Domin. Begegnet einem das Wunder nur, wenn man dafür bereit ist und den Grenzübertritt nicht scheut?

Sicher hat das Ganze sehr viel mit Bereitschaft zu tun. Es gibt Menschen, die laufen blind durch die Welt und nehmen nicht wahr, wenn an ihrer Seite plötzlich der Flügelschlag eines Schmetterlings die Umgebung in Aufruhr versetzt, oder das Rauschen des Waldes beginnt, Geschichten zu erzählen. Sensibilität ist sehr entscheidend für die Fähigkeit, Wunder zu erkennen – das Wunder kann in kleinsten Alltäglichkeiten liegen: hier und jetzt, direkt nebenan. Wer ständig auf der Suche nach dem »Höher, Schneller und Weiter« ist, verliert das Wesentliche aus den Augen. Das »Leise« bedeutet für mich auch »bescheiden« und »demütig«. »Die Hand hinhalten« steht für mich für ein uneigennütziges Angebot. Wunder geschehen nicht auf Bestellung und sind keine kalkulierbaren Folgeergebnisse, die sich durch die Erfüllung bestimmter Grundvoraussetzungen planen lassen – auch nicht durch Grenzübertritt. Der größte Grenzübertritt, der vor uns allen liegt, ist der Tod. Mir scheint, als habe er in unserer Gesellschaft kaum mehr einen Platz – doch das Bewusstsein unserer Endlichkeit ist eine wesentliche Grundlage für ein erfülltes und ganzheitliches Leben. Vieles erkennen wir erst, wenn wir zumindest temporär eine gewisse Distanz haben, und zu vielem ganz Einfachem gelangen wir erst über große Umwege. Auch hier denke ich wieder an die Fabel »Der Alchimist« von Coelho. Dafür sitzen diese Erkenntnisse dann tiefer und wirken nachhaltiger.

Viele bunte Gedanken

Auf dem Marktplatz zählt die einzigartige Geschichte

Von Andreas Vermöhlen

Unternehmerisches Handeln und Kreativität gehen seit einigen Jahren eine immer stärkere Verbindung ein. Allein das Marketing eines jeden Unternehmens lebt durch Kreativität: Neue Logos, veränderte Produkte, die angepriesen werden, und noch ausgefallenere Wege, den Konsumenten diese »schmackhaft« zu machen. So erzählt fast jedes Logo eine einzigartige Geschichte. Beispiel Ferrari. Das schwarze Pferd auf gelbem Grund war eigentlich das Wappen des italienischen Barons Francesco Barracca. Dieser bewies sich im Ersten Weltkrieg als Flugass und wurde als Nationalheld gefeiert. Nach seinem tödlichen Flugzeugabsturz wurde das Emblem des springenden Pferdes Enzo Ferrari von Barraccas Mutter übergeben, damit es ihm bei seinen Autorennen Glück bringe.

Aber die Kreativität endet nicht vor der Tür der Marketingabteilung. Jedes Unternehmen benötigt eine durchschlagende Idee, um sich gegenüber den Mitbewerbern abzugrenzen. Und diese Ideen kommen von Menschen – Menschen, die etwas bewegen und vorantreiben wollen.

Und wie kann man dieses kostbare Gut »Kreativität« in einem Unternehmen fördern? Eine Antwort lautet: Vielfalt. Viele Menschen mit ihren bunten Gedanken und Herangehensweisen warten nur darauf, ihre kreativen Ideen, aus denen verbesserte Produkte oder durchschlagende Strategien entstehen, einzubringen. Dieses Potenzial sollten Firmen stärker nutzen, indem sie ihren Mitarbeitern den Raum lassen, ihre Kreativität frei zu entfalten. Denn Kreativität ist für das Unternehmen kein Risiko, sondern eine riesige Chance für die Zukunft!

Josef

Josef Zotter

Josef Zotter, geb. 1961, gründete nach zahlreichen Tätigkeiten als Koch und Konditor 1999 in seinem Heimatort Bergl in der Oststeiermark die »Schokoladenmanufaktur Zotter«. Seine handgeschöpften Schokoladen im künstlerischen Verpackungsdesign sind inzwischen weltweit bekannt und beliebt.

Sämtliche Bestandteile der Zotter-Schokolade stammen aus kontrolliert biologischem Anbau.
In der Schokoladen-Manufaktur in Bergl werden mittlerweile ungefähr 150 Schokoladenkreationen hergestellt.

Weiterführende Informationen:
www.zotter.at

Genießen heißt auch, weniger ist mehr

Wie aus Abenteuerlust und Fantasie besondere Produkte erwachsen

INTERVIEW

Ein Gespräch mit Josef Zotter

Sie sind in Bergl, einem Ort in der Oststeiermark, aufgewachsen. In Ihrem Buch »Die süßen Seiten des Lebens« schreiben Sie, dass die Bauern in der Ebene anders dachten als die Menschen auf den Hügeln. Was machte ihr Denken aus? Was war anders?

Es war so, dass die Leute auf den Hügeln dachten, die auf den Ebenen hätten es ungemein leichter, weil sie halt Maschinen einsetzen konnten, während auf den Hügeln fast alles per Hand erledigt werden musste. Die Bauern auf den Ebenen träumten davon, wie gut es auf den Hügeln ist, weil dort die Böden besser waren (nicht mit Dünger und Pestiziden verseucht). Die Sonneneinstrahlung war intensiver und damit die Qualität der Früchte. Die Globalisierung hatte begonnen, ohne dass das jemand wusste, es wurden Standards eingeführt. Die Lebensmittel wurden immer gleicher, nach außen hin zumindest, so entstand ein gewisses Konkurrenzdenken.

Ich bin von den Hügeln in die Täler gestiegen und von den Tälern auf die Hügel. Mein Denken orientiert sich an dem Blick über den Tellerrand. Ich habe in Metropolen bei den »Reichen« gelernt, habe gesehen, was ich nicht möchte, bin vom Karrierebaum zurück in die Ausbildung, bin nach Venezuala, Nicaragua und Brasilien, um zu sehen, wie dort Kakao kultiviert wird … Ich probiere aus, breche Grenzen und gängige Vorstellungen. Ich versuche, Vorurteile durch Erfahrungen umzukehren, zu brechen oder auszufüllen. Ich identifiziere mich intensiv mit meiner Situation, meiner Arbeit, und hänge nicht Träumen nach, die ich nur des Traumes willen liebe und wirklich nie umsetzten würde. Ich glaube, ich kann von mir sagen, dass ich erfüllt bin von dem, was ich schaffe.

Die Monotonie des Landlebens weckte Ihre Sehnsucht nach Grenzüberschreitungen, nach der »Welt da draußen«. Was haben Sie dort gefunden?

Ich habe mich selbst gefunden. Wenn man das Andere nicht kennt, glaubt man immer, dass man etwas versäumt hat. Nachdem ich viel unterwegs war, bin ich darauf gekommen, dass es überall auf der Welt irgendwelche Probleme gibt. Bloß an der Oberfläche erkennt man sie nicht. Ich habe verstanden, dass jeder Mensch, jedes Tier und jede Pflanze etwas ganz Individuelles und auch zu respektieren ist. Allein deshalb ist das Reisen ganz wichtig. Nachdem man einiges da draußen erlebt hat, kann man sich selbst ein Bild machen, was ungefähr der Stand der Dinge ist. Das ist vermutlich die Grenze, die man landläufig meint. Ich habe dann begonnen, diese Grenze zu überschreiten und meine eigenen Träume umzusetzen und nicht die der anderen.

Was hat Sie als junger Mann an der Gastronomie fasziniert?

Der Beruf in der Gastronomie war und ist für mich das Tor zur Welt. Nahrung und Essen sind etwas Essentielles. Und sehr dicht an unseren Wurzeln. Essen besitzt sehr viel Kultur, und schließlich kann man auch die gesellschaftliche Entwicklung an der Esskultur ablesen beziehungsweise schreibt sich diese dort ein. Es ist ein über alle demografischen Schichten gestülptes Vergrößerungsglas. Weil ich in der Spitzengastronomie tätig war, konnte ich mir sehr schnell einen Reim darauf machen, wie absurd zum Teil die Dinge da draußen laufen. Wenn eine Flasche Wein zum Beispiel um 300 Euro (manchmal noch mehr) kostet, und man andererseits ein Huhn im Supermarktregal fix und fertig für zwei Euro kaufen kann. Oder wenn Äpfel aus Südafrika billiger sind als unsere eigenen aus der Steiermark. Da stimmt was nicht. Heute weiß ich, Dank der Gastronomiererfahrung, ziemlich genau, was ich brauche und was nicht.

Über Ihre Anfangzeit im Wiener Hilton schreiben Sie in Ihrem Buch: »Die jungen Leute zuerst mal runtermachen, um zu schauen, was sie aushalten können. Der Druck in der Hochleistungsküche war enorm. Zuerst habe ich diese ständigen Kränkungen sehr persönlich genommen, doch ich wollte herausfinden, was hinter diesem System steckte, und ließ mich nicht unterkriegen.« Nicht jeder Mensch hat die Fähigkeit, daraus Sinn zu schöpfen. Wo ist die Grenze zwischen Durchhalten und Neubeginn?

Ja, wo ist die Grenze? Wenn man sich die Frage stellt »Wofür?«, ist die Grenze sehr schnell erreicht. Wenn man aber etwas verändern will, muss man, denke ich, länger durchhalten, um später das abzulehnen, was körperlich oder seelisch geschmerzt hat. Durchhalten heißt aber auf jeden Fall, Grenzen zu überschreiten. Grenzerfahrungen sind enorm wichtig und prüfen dich auf den Kern, geben rückblickend Stärke. Wie viel man davon braucht, muss jeder selbst bestimmen. Jemand, der keine Grenzen überschreitet, wird wahrscheinlich auch nichts bewegen, was der Allgemeinheit dienlich sein könnte. Somit braucht es Grenzüberschreiter – sonst würden wir noch in Höhlen wohnen, was ja auch nicht so gemütlich ist.

INTERVIEW

In Ihrem ersten Geschäftslokal haben Sie begonnen, über Schokolade nachzudenken. Was hat Sie an diesem Produkt fasziniert?

Schokolade ist ein kulinarisches Weltprodukt. Sie wird fast überall geliebt. Kakao wächst nur in tropischen Zonen und wird fast ausschließlich in gemäßigten Zonen verarbeitet und konsumiert. Da steckt eine irrsinnige Fantasie drin. Schokolade war früher ein absolutes Luxusprodukt und wird auch heute noch zuweilen sehr oft geheim konsumiert. Sie beflügelt die Sinne, ist ungemein wandlungsfähig.

In einem Lied von Konstantin Wecker heißt es: »Wer nicht genießt, ist ungenießbar.« Sie äußerten einmal, dass viele Menschen die Bedeutung des Produkts Schokolade nicht verstanden haben. Wie können sie lernen, bewusster zu genießen?

Wir leben in einer seltsamen Situation des Überflusses, und der macht nicht einmal mehr Spaß, sondern bereitet uns Sorgen, dass wir unter Umständen noch nicht alles gesehen und noch nicht alles probiert haben … Es heißt nicht umsonst, dass man ein Stück Schokolade auf der Zunge zergehen lassen soll. Denn kauen und schnell schlucken bringt uns um den Genuss, lässt uns keine Zeit, die feinen Aromen zu spüren und sich auf einen Sinneswandel einzulassen. Genießen heißt ja, sich mit einer Sache etwas genauer zu beschäftigen. Genießen heißt aber auch, dass weniger mehr ist. Wer genießt, hat mehr vom Leben. Bewusst genießen meint auch, dem Produkt Wertschätzung beizumessen, die Arbeit und die Rohstoffe zu honorieren, den Kopf aufzumachen und sich auf etwas einzulassen – das ist Genuss.

Wie sollte man Schokolade genießen?

Zeit ist der Schlüssel zum Genuss – ob mit Freunden oder zu besonderen Anlässen … und bei Zimmertemperatur in Maßen. Man isst Schokolade nicht, sondern lässt sie langsam auf der Zunge zergehen. Auch das Glück lässt sich ja nicht festhalten – genauso ist es mit dem Geschmack, der allmählich verschwindet, bis eine bittersüße Erinnerung daran zurück bleibt. Vergänglichkeit zu lernen und zu üben, ist ganz wichtig. Die grandiosen Momente des Lebens lassen sich nicht festhalten … Die Faszination der Schokolade speist sich nämlich auch aus der Vergänglichkeit, die den Stoff dem Alltag entreißt. Mitten im Überfluss werden wir an die Vergänglichkeit und unsere Existenz erinnert. Sie holt uns auf den Boden zurück und spornt uns wieder zu neuen Höhenflügen an.

1999 haben Sie sich entschieden, eine Schokoladenmanufaktur zu gründen. Der Künstler Andreas H. Gratze, ein alter Freund von Ihnen, gestaltet seither die Verpackungen der Zotter-Schokoladen. Was macht Ihre Zusammenarbeit so besonders?

Unsere Freundschaft, also ein mächtiges Fundament, auf dem wir herumtoben können und uns nichts vorzumachen brauchen. Wir haben eine ähnliche Sicht: eine Grundliebe für die Welt und eine Liebe zum Detail. Andreas Gratze kann einfach auch sehr gut Grenzen durchbrechen – auf eine Art, die nicht provokant, sondern sehr einfühlsam ist. Es ist ein wenig so, als wenn man eine Mauer aufbricht, und das Tageslicht strömt herein, da ist man dankbar. Seine Bilder haben Humor und Charme. Er kann ja sogar einer Pflaume einen attraktiven Körper geben, und er kann einfach Geschmack in Bilder verwandeln, die einen persönlichen Blick tragen, viel stärker als es Fotos vermögen …

Mir wurde damals sehr schnell bewusst, dass Kunst und Werbung sehr gut miteinander harmonieren. Die mystische Verbindung von Kunst und Schokolade kommt übrigens auch auf zwölf großformatigen Acrylgemälden von Andreas Gratze zum Ausdruck – sie hängen über der technischen Produktion.

Sie schreiben in Ihrem Buch: »Wer nie etwas Neues ausprobiert, stumpft ab.« Sind Sie auch ein Grenzüberschreiter, wenn es um die Zusammenstellung Ihrer Schokoladenkreationen geht?

Klar muss ich ständig Grenzen überschreiten – manchmal gelingt etwas Geniales (Rose und Basilikum oder Schweinsgrammeln). Manchmal fliege ich ordentlich auf die Schnauze (Rotweinzwiebeln mit Bohnen … eh klar … im Nachhinein). Übrigens landen viele Schokoladenliebhaber, die zuerst die klassischen Schokoladensorten probieren, irgendwann bei meinen »echt schrägen« Kreationen. Anfangs hatten einige Berührungsängste und waren davon überzeugt, dass Schokolade und Spargel nicht zusammen passen … So habe ich die ersten zwei Jahre die »Grammlnussn-Schokolade« fast allein gegessen, obwohl ich von der Kombination absolut überzeugt war. Heute gehört sie zu den Favoriten in unserem Sortiment. Es ist immer herrlich zu sehen, wie am Ende die Neugier über die Vorurteile siegt und sich die Menschen mehr und mehr für Gaumenspiele öffnen. Mit den Schokoladen können die Konsumenten einfach mal ganz genussvoll ihre Grenzen entdecken und durchbrechen. Meistens ist die Überraschung bei der Grenzüberschreitung groß, dass es ja nicht so schlimm war beziehungsweise Paradeiser und Schokolade ungemein gut schmecken. Am wichtigsten ist, dass man nicht mehr zurückkommt. Man ist um eine Erfahrung reicher.

Beschränkt sich Ihr Engagement für den fairen Handel nur auf die Entwicklungsländer?

Im Sinne der Lizenzierung schon, aber im Herzen ist der faire Handel als Gesamtheit zu verstehen. Wir gehen auch mit unseren Bauern, Partnern und Mitarbeitern vor Ort fair um, das ist unser Grundprinzip. Auch in puncto Vertriebspolitik haben wir versucht, eine faire Lösung zu finden. Daher verkaufen wir nur an kleine Geschäfte und beliefern keine Supermarktketten.

Wie bewahren Sie sich Ihre Kreativität?

Neugierig bleiben, viel reisen, genießbar sein, schöne Dinge bewusst erleben, sich Zeit nehmen und den Erfolg nicht zu Kopf steigen zu lassen, Ventile einbauen wie zum Beispiel Familie, Kunst und Tiere …

Was bedeutet es Ihnen, sich selbst treu zu bleiben und authentisch zu sein?

Das ist der einzig gangbare Weg. Man macht vieles ganz intuitiv richtig und hangelt sich nicht an Mustern entlang. Außerdem muss man immer wieder sich selbst befragen bei jeder Entscheidung.

Es gibt leider zu viele verwaiste Produkte, zu denen sich niemand bekennt, und die selbst die Hersteller nicht selbst konsumieren und verwenden würden. Das ist Tragik!

Wenn Sie über Ihre Produkte sprechen, erinnert das an die Beschreibung von Menschen mit Charisma und Charakter, die auch mal anstößig sind, weil sie Ecken und Kanten haben. Sie wollen als Schokolatier nicht jeden Geschmack treffen und dem Mainstream entsprechen. Ist Anders-Sein und Besser-Sein Ihr Erfolgsrezept?

Na ja, es kommt wohl darauf an zu erkennen, dass man niemals sein kann wie alle anderen. Jeder Mensch ist anders, und das gilt es zu entdecken und dazu zu stehen. Diese 08/15-Glanzabzüge sind einfach nicht authentisch und mir zu unpersönlich. Die kann ich nicht lieben. Ich mag Dinge, die anstößig und authentisch sind, ohne Glanz und Lack. Ja, anders sein – also einen eigenen Weg gehen und nicht irgendwelche Strickmuster befolgen. Mich interessiert nicht eine Komponente des Konsumenten, sondern der ganze Mensch. »Besser-Sein« ist ein wenig verfänglich ausgedrückt. Klar will ich von mir das Beste, aber »Besser-Sein« impliziert für mich auch ein wenig Strebergehabe. Ich will mich nicht über andere stellen. Aber Innovation, Kreativität und Nachhaltigkeit implizieren schon ein Streben nach Verbesserung.

Was uns wirklich wichtig ist

Wirtschaft muss schöpferisch sein, um etwas zu bewegen

Von Nadja Rosmann

Kreativität ist der Motor allen Fortschritts. Sie lässt sich nicht auf Knopfdruck abrufen oder gar erzwingen, sondern entwickelt sich dort am besten, wo Menschen Freiräume haben und ohne Angst vor Fehlschlägen experimentieren können. Und sie gedeiht am leichtesten, wenn Führungskräfte den Mut haben, Lösungen sich entwickeln zu lassen.

Das Grundprinzip einer nachhaltigen, zukunftsorientierten Wirtschaft sollte die »kreative Erneuerung« sein, der Wunsch, die Dinge besser machen zu wollen, als sie es bereits sind. Kreativität ist kein Sahnehäubchen, sondern eine Fähigkeit, die essenziell ist, denn wir werden kreativ sein müssen, um die ökonomischen und ökologischen, die kulturellen und sozialen Herausforderungen unseres Jahrtausends zu meistern.

Uns unserer schöpferischen Ressourcen bewusst zu werden, bedeutet dabei auch, zu erkennen und zu hinterfragen, wer wir selbst sind und was wir eigentlich wollen. Welche Werte haben wir? Was möchten wir erreichen? Fragen wie diese sind die Luft zum Atmen, ohne die Wirtschaft nicht mehr wäre als ein kapitalistisches System, dessen höchstes Ziel es ist, materiellen Gewinn zu mehren. In der Tiefe unserer Herzen wissen wir längst, dass Geld allein nicht glücklich macht. Wenn wir selbst kreativ werden, wenn wir authentisch auf den Ruf unserer Seele hören und ihm folgen und damit zum Ausdruck bringen, was uns wirklich wichtig ist, genau dann kann Wirtschaft ihre wahre Kreativität entfalten. Jeden Tag aufs Neue.

Claus

Claus Hipp

Prof. Dr. Claus (Nikolaus) Hipp, geb. 1938, ist Deutschlands erfolgreichster Hersteller von Babynahrung. Der bekennende Katholik sieht sein unternehmerisches Handeln in christlicher und sozialer Verantwortung. Daher fördert er gezielt Hilfsprojekte gemeinnütziger Organisationen und Werke. 1959 künstlerische Ausbildung bei Heinrich Kropp, daneben Jurastudium. 1968 Übernahme der Geschäftsleitung im Familienunternehmen. 1970 Meisterschüler von Heinrich Kropp. 1989 bis 2004 Kunsterzieher an der BOS Scheyern. 2000 Franz Kafka Kunstpreis für Malerei, Prag. 2001 ordentlicher Professor an der staatlichen Kunstakademie Tbilissi, Georgien. 2003 Lehrauftrag Akademie Bad Reichenhall.

Weiterführende Informationen:
www.hipp.de

Sich des Menschen annehmen

Die Wirtschaft braucht mehr Deregulierung und Achtung

Ein Gespräch mit Claus Hipp

INTERVIEW

Welche Grenzen mussten Sie überschreiten, um Ihre Freiheit in dem zu finden, was Sie tun?

Keine.

Muss man Grenzen überschreiten, Risiken eingehen und bereit sein, auch einmal zu scheitern, um seiner Rolle als Führungskraft gerecht zu werden?

Ja, aber mit einem vernünftigen Verhältnis von Risiko und Erfolg.

Muss ein erfolgreicher Unternehmer Hierarchien und Strukturen durchbrechen, um sich kreativ entfalten zu können?

Hierarchien gehören zur Gesellschaft. Entscheidungen müssen sachlich und nicht auf Grund der Position fallen.

Auf welche Momente in Ihrem Leben sind Sie besonders stolz gewesen? Und was waren die schmerzlichsten Augenblicke?

Stolz bin ich auf das Engagement für die Umwelt. Speziell natürlich den biologischen Landbau. Die schmerzlichsten Augenblicke waren, als ich Kündigungen aussprechen musste.

Welche Grenze würden Sie niemals übertreten?

Die des Anstandes und des Glaubens.

Wie müssen in Deutschland die Rahmenbedingungen beschaffen sein, damit sich Talente entfalten können?

Mehr Deregulierung, mehr Achtung und weniger Neid dem Tüchtigen gegenüber.

Warum warten so viele Menschen, anstatt für die Verwirklichung ihrer Ideen zu kämpfen?

Weil sie Angst haben vor den Behinderungen.

Weshalb hängt unsere Zukunft von Selbstständigkeit, Eigeninitiative und Kreativität ab?

Weil so mehr getan wird.

Brauchen wir in der Wirtschaft eine neue Bescheidenheit?

Das kann nur nützen.

Weshalb ist es für das eigene Tun förderlich, über die Grenzen der eigenen Gegenwart hinauszusehen?

Nur wer weiterschaut, kann weiter gehen.

Nach Paulus lebt der Geist Gottes auf dem Grunde jedes Herzens. Hat Begeisterung für Sie mit Geist zu tun?

Der Mensch besteht aus Körper und Geist, wenn wir unter Geist auch Seele, Gefühl und Verstand verstehen, dann ja.

Welchen Geist wünschen Sie sich für unsere Gesellschaft?

Der Heilige Geist soll sie erleuchten.

Worin findet Ihr Leben seine eigene Nachhaltigkeit?

In meinen Kindern.

Was müssen wir heute von uns abwerfen, um die Zukunft tragen zu können?

Die Irrwege des Zeitgeistes.

Was hat Sie veranlasst, Ethikrichtlinien für Ihr Unternehmen zu verabschieden?

Wenn wir uns um die Schöpfung kümmern, dann müssen wir den Menschen als höchstes Geschöpf anerkennen und uns seiner annehmen.

Wie spüren Sie, dass Ihr Ethik-Kodex von Ihren Mitarbeitern verinnerlicht und gelebt wird?

Manche Entscheidung würde anders ausfallen.

Wie fördern Sie die Kreativität Ihrer Mitarbeiter?

Durch Eigenverantwortung.

Was finden Sie in der Malerei im Gegensatz zum Unternehmertum?

Dort bin ich allein mit meinen Entscheidungen.

INTERVIEW

Ist ein Künstler ein Grenzüberschreiter, der den Abgrund nicht scheut und sich in ihm zu Hause fühlt?

Grenzüberschreiter ja, den Abgrund kennt man, wenn etwas misslungen ist. Zu Hause fühlen soll man sich oben – nicht unten.

Schadet Mittelmaß dem eigenen kreativen Tun?

Mittelmaß ist die Basis, sich darüber erheben können, ist ein freudiger Erfolg.

In welchen Situationen tanken Sie Energie für Ihre stete Kreativität?

Wenn ich gefühlsmäßig berührt bin.

Gehört das Zweifeln dazu, um die eigenen Talente zu entdecken und zu fördern?

Zweifeln soll nicht kultiviert werden, genauso wenig wie Selbstzufriedenheit.

Was war Ihre bedeutendste kreative Leistung?

Das mögen andere beurteilen, denn alles scheint mir verbesserungsfähig.

Was macht Ihrer Meinung nach einen sehr guten Künstler aus?

Das Bewusstsein, wie schwer es ist, gut zu sein.

Wie kamen Sie zur Kunst, oder wie kam die Kunst zu Ihnen?

Über meine Eltern und die Erziehung.

Was fasziniert Sie an zeitgenössischer Kunst?

Das Neue.

Welches Arbeitsmittel ist für Sie am wichtigsten?

Die Kohle bei der ersten Skizze.

Woran arbeiten Sie gerade?

Ich arbeite immer an mehreren Bildern.

Wie oft und wann widmen Sie sich Ihrer Kunst?

Wenn möglich täglich.

Wie viele Werke haben Sie geschaffen?

Über 1.500 Werke.

Welches Kunstwerk hat Sie am meisten beeindruckt?

Die Höhlenmalerei und die mittelalterliche Tafelmalerei.

Welches Kunstwerk würden Sie noch gerne machen?

Ein besseres, als ich gemacht habe.

Wenn Sie jüngeren Künstlern einen Rat geben könnten, wie sähe der aus?

Kritisch sein und solide handwerklich arbeiten.

Wie finden Sie Ihre Themen?

Die kommen von selbst.

Erinnern Sie sich an Ihr erstes Kunsterlebnis?

Das Betrachten von Bildern und die erklärende Stimme meiner Mutter oder meines Vaters.

Wie würden Sie Ihren künstlerischen Stil beschreiben?

Wie Paul Klee sagte: Nicht abbilden, sondern sichtbar machen.

Welche Sünde darf ein Künstler nie begehen?

Keine Wiederholungen. Keine Plagiate. Keine Spielereien ohne Geist und Witz.

Welche Tugenden sollte ein Künstler und ein Unternehmer haben?

Ehre und Anstand sind langfristig zielführender als kurzfristiger unehrlicher Erfolg.

Wie wichtig ist Ihnen ein Leben außerhalb der Kunst?

Lieber begrenzte Zeit für die Kunst und ein Überangebot an Ideen als unbegrenzte Zeit und Ideenleere.

Wie sorgen Sie dafür, dass Sie offen und flexibel für neue Themen bleiben?

Indem ich Wiederholungen vermeide. Besser nicht arbeiten, als Altes neu aufkochen.

Über sich selbst hinaus wachsen

Kreativität braucht Raum für das Ungewisse

Von Petra Federmann

Um mit Hilfe von Kreativität innovative Ergebnisse zu erzielen, braucht es keinen übertriebenen Perfektionismus – allein die Bereitschaft, ständig lernbereit zu sein, und wenn es sein muss, auch einmal Schranken zu überwinden, genügt. Das sind die ersten entscheidenden Schritte, die dazu führen, über sich selbst hinaus zu wachsen und Grenzen zu überschreiten.

Kreative sind nicht nur gedanklich miteinander verbunden – sie finden sich zu jeder Zeit und an jedem Ort, weil sie offen sind und Neues in ihrem Leben zulassen. Würde man kreative Ideen schon im Keim ersticken, käme dies einem entwicklungshemmenden Stillstand gleich. Veränderungen und Fortschritt hätten keine Chance, jemals zur Entfaltung zu kommen. Kreativ zu sein bedeutet, den Mut zu haben, neue Wege zu beschreiten, Risiken und Chancen mit allen Konsequenzen, zu denen auch Scheitern gehört, anzunehmen. Neues entsteht nur, wenn das Ungewisse Platz im eigenen Leben hat und man sich nicht fürchtet, Neuland zu betreten. Wo stünden wir heute, wenn es keine Menschen gegeben hätte, die es gewagt haben, immer einen Schritt weiter zu gehen?

Jan

Jan Teunen

Jan Teunen, geboren 1950, ist Cultural Capital Producer. Mit seiner Teunen Konzepte GmbH hilft er Unternehmen dabei, ihre Unternehmenskulturen zur Entfaltung zu bringen und so ihren Wert zu steigern und Gesellschaft zu gestalten.

Teunen ist Autor und Herausgeber zahlreicher Publikationen und engagiert sich als Sammler zeitgenössischer Kunst sowie als Mäzen und Sponsor. Er ist verheiratet, hat zwei Kinder und lebt und arbeitet auf Schloss Johannisberg im Rheingau.

Angst tötet die Kreativität

Wie Unternehmen zu einer Einheit von Gedanken, Worten und Taten finden können

Ein Gespräch mit Jan Teunen

INTERVIEW

Weshalb sollte das gesellschaftliche Bewusstsein für Qualität und gutes Design geschärft werden?

Weil Qualität die Welt erhält. Qualität ist das, was Menschen von innen her bewegt, also motiviert. Diese Motivation ist notwendig, damit Menschen sich engagieren.

Weshalb ist »Ästhetik die Mutter der Ethik«?

Diese Behauptung stammt von meinem Lieblingsdichter, dem russischen Nobelpreisträger für Literatur Joseph Brodsky. Er hat die Auffassung vertreten, »dass unsere wichtigsten Entscheidungen ästhetisch und nicht ethisch begründet sind«. Denn unser ästhetisches Urteil ist in der Tat ererbt. Man kann sich bemühen, es zu kultivieren, es zu verfeinern, und man kann versuchen, es der Ethik anzupassen. Und doch wird letztlich unser ästhetisches Ich die Oberhand behalten. Eine entscheidende Aufgabe der Gesellschaft ist die individuelle Entwicklung des Geschmacks. Denn wessen Geschmack entwickelt ist, der ist nicht leicht zu täuschen.

Welche Philosophie steht hinter der Teunen Konzepte GmbH?

Wir wollen Unternehmen motivieren, eine Unternehmenskultur zu entwickeln, in der Wirtschaft und Privatleben, Denken und Handeln keine Gegensätze sind, sondern in der für das wirtschaftliche Handeln ausdrücklich die ethische Verantwortung übernommen wird. Mit unserer Arbeit wollen wir dazu beitragen, dass Unternehmen ihre Produkt- und Marktorientierung ausdrücklicher um die Gesellschaftsorientierung erweitern, weil es nur so gelingen kann, die Welt zukunftsfähig und gerechter zu machen. Zukunftsträchtige Unternehmen erkennen das an. Sie wissen, dass ein gesellschaftliches Engagement notwendig ist. Sie wissen, dass verantwortungsbewusstes Management sowohl für das Weiterleben des Planeten als auch für das wirtschaftliche Überleben notwendig ist. Diese Einsicht erleichtert unsere Arbeit.

Was muss getan werden, damit sich in Unternehmen ein Gleichgewicht zwischen wirtschaftlicher und ethischer Verantwortung einstellt? Und wie kann dies kritischen Managern in börsennotierten Unternehmen vermittelt werden?

Es muss das Denken und Handeln in Sparten, Ressorts und Fächern aufgegeben werden. Unternehmen müssen die Verbindung mit Kreisläufen der Natur und der Gesellschaft herstellen und zum Paradigma für Wirtschaftlichkeit und Schutz sowie für Zusammengehörigkeit und Kulturpflege machen. Ohne ein solches Engagement kann kein Unternehmen nachhaltig wirken, stabil und zukunftsfähig arbeiten.

Weshalb tun sich Großkonzerne noch immer schwer beim Öffnen kreativer Nischen?

Weil zu viel Konzentration auf der Peripherie des unternehmerischen Handelns liegt, mit der entsprechenden Wirkung auf die Gehirne. In Unternehmen laufen viele Menschen mit einer ausgetrockneten rechten Hirnhälfte herum, und wenn man dies einmal weiß, wundert man sich über gar nichts mehr, auch nicht darüber, dass etwa 60 Prozent der abhängig Beschäftigten mit berufsbezogenen Ängsten an ihren Arbeitsplätzen sitzen. Doch Angst tötet die Kreativität, lässt kreative Nischen erst gar nicht entstehen.

Weshalb ist Kreativität ein wesentlicher Faktor für die Weiterentwicklung der Gesellschaft? Weil sich diese Ressource nicht verbraucht?

Das lateinische »creare« bedeutet zusammenwachsen und bezieht sich darauf, dass etwas neu entsteht, dass etwas geschaffen wird, das vorher nicht existierte. Es hat immer die Qualität von etwas Authentischem. Wenn nun eine neue Gesellschaft gestaltet wird, ist Kreativität ein wesentlicher Faktor für ihre Weiterentwicklung.

Wie füllen Sie Ihre kreativen Energien wieder auf?

Durch das bewusste Einbauen des Intervalls. Durch Entschleunigung. Im Dialog mit dem Stressforscher Horst Mayer habe ich von ihm gelernt, dass bei Dauerstress die linke Gehirnhälfte zunächst über die rechte stolpert – bis es nichts mehr zu stolpern gibt, weil die rechte ausgetrocknet ist. Was dem Menschen dann verloren geht, sind Kreativität und Intuition. Deshalb drossele ich die Geschwindigkeit und gehe mit meiner Frau spazieren, gehe gut essen oder besuche Kunstausstellungen. Ich meditiere auch. Seit kurzem ist ein neues Phänomen in mein Leben getreten – der Sport. Alles das sorgt dafür, dass meine rechte Hirnhälfte in Bewegung bleibt und meine Kreativität sich erhält.

INTERVIEW

Woran scheitern Unternehmen am häufigsten?

An einer fehlenden Wertekultur, an mangelnder Lernbereitschaft sowie an einer unterentwickelten Experimentierfreudigkeit. Wer für sein Unternehmen Zukunft erfinden will, muss sehr viel experimentieren. Wer nicht experimentiert, untergräbt die eigene Zukunft. Neuerdings scheitern Unternehmen auch daran, dass es ihnen an einer vollkommenen Identität – das ist die Einheit von Gedanke, Wort, Tat und Ding – fehlt. Firmen müssen transparent sein, damit ihre kritischen, mündigen, informierten und fordernden Kunden Werte und Haltung prüfen können, bevor sie eine Geschäftsbeziehung eingehen. Wenn das Unternehmen eine Maske trägt, mit der es die Märkte täuscht, wenden sich Kunden ab.

Bieten Mehrdimensionalität und Vielfalt eine besondere Chance für Unternehmen?

Ich glaube nicht, dass das zutrifft. Ein Engagement auf vielen Gebieten mag eine kurzfristige Hilfestellung für ein Unternehmen sein, doch es untergräbt das Prinzip der Souveränität und der Qualität. Erfolge sind immer Konzentrationserfolge.

Brauchen Unternehmen Leitlinien?
Und von welchen Werten sollen sie sich leiten lassen?

Unternehmen bestehen aus Menschen, und Menschen haben ein Bedürfnis nach Ordnung. Wo das Miteinander geregelt ist, wird die Ordnung als Orientierungshilfe erfahren. Leitlinien helfen, die Energien in Unternehmen zu konzentrieren, auszurichten und schaffen so die Voraussetzung für das Wirksamwerden dieser Energien. Unternehmen lassen sich am besten leiten von Werten, die sich von den vier Kardinaltugenden Weisheit, Tapferkeit, Mäßigung und Gerechtigkeit ableiten lassen.

Weshalb sollten auch Manager von diesen Tugenden geleitet werden?

Auf diese Frage möchte ich Pater Anselm Grün zitieren: »Kardinaltugend kommt vom lateinischen Wort ›cardo‹, das Türangel heißt. Die vier Tugenden sind wie eine Türangel, um die sich alles dreht. Ohne sie findet man keinen Zugang zum Raum der Seele. Im Lateinischen heißt die Tugend ›virtus‹. Virtus ist eine Kraft, eine Fähigkeit, Geschicklichkeit. Die Seele braucht die Kräfte der Tugenden, damit sie das Leben meistert ...« Im Übrigen kommt das deutsche Wort Tugend von »taugen«. Ohne Tugend taugt das Leben nicht.

Was hindert viele Manager daran, authentisch zu sein?

Viele Manager sind nicht authentisch, weil sie nicht auf ihre innere Stimme vertrauen und sich deswegen ihre Individualität nicht entfalten kann. Sie sind nicht authentisch, weil sie den Zwängen und dem Machbaren folgen und opportunistisch sind. Weil sie an der Macht partizipieren und dadurch dem eigenen Leben einen Sinn geben möchten. Den sie allerdings – wenn die innere Überzeugung fehlt – nur gesellschaftlich, nicht aber persönlich erhalten.

Was unterscheidet einen Manager von einem Unternehmer?

In der Regel arbeitet ein Unternehmer mit dem eigenen Geld. Deshalb übernimmt er eher Verantwortung und fühlt sich seinen Mitarbeitern verbunden. Manager sind austauschbar, Unternehmer nicht. Manager können rasch wechseln und können durch ein Missmanagement nicht ohne weiteres zur Rechenschaft gezogen werden. Unternehmer tragen das volle Risiko.

John Bunyan schreibt in seinem Buch »Die Pilgerreise«: »Wer glücklich leben will, der hole sich seinen letzten Tag herbei und erwähle ihn zu seinem ständigen Begleiter.« Wie kann diese Erkenntnis Führungskräften vermittelt werden, die nicht gelernt haben, die Dinge vom Ende her zu sehen?

Das ist die Hauptaufgabe unserer Unternehmenskultur. Unternehmenskultur bedeutet nicht die einmalige Beschäftigung mit Werten und mit Verantwortung, sondern ist eine permanente Vergegenwärtigung des eigenen Lebens und der Situation des Unternehmens. So zu leben, wie Bunyan es vorschlägt, ist die hohe Kunst des Lebens, das Endziel aller gesellschaftlichen und persönlichen Anstrengung. Das erfordert ein hohes Maß an moralischer Gegenwärtigkeit.

Welche Grundwerte sollten Führungskräfte nicht nur einfordern, sondern auch leben?

Bescheidenheit. Integrität. Ehrlichkeit. Mut.

Können Sie die beiden Werte Integrität und Mut näher erläutern?

Integer bedeutet unberührt und unbescholten und zielt auf Verlässlichkeit und Treue. Zwei Merkmale, die garantieren, dass im Tierreich die Eltern ihre Nachkommen beschützen, versorgen und ins Leben führen.

Aus demselben Grunde sind es den Menschen Begriffe der Ethik. Ohne sie kann keine Gemeinschaft existieren. Verlässlichkeit und Treue offenbaren Unternehmen in der Güte ihrer Unternehmenskultur. Die aktive Seite dieser Haltung ist der Mut. Eine innere Haltung, die jede Art Unternehmung braucht. Hier denke ich an den zentralen Satz der Aufklärung, formuliert von Immanuel Kant: »Sapere aude!« – »Wage zu denken!« oder »Wage, dich deines Verstandes zu bedienen!« Dieses Wagnis als Heraustreten aus der Unmündigkeit ist der Mut, der den Menschen zu einem mündigen und politisch selbstständigen Bürger macht. Das ist derselbe Mut, über den Führungskräfte verfügen müssen, damit sie nicht das Risiko suchen, sondern verantwortungsvoll die Risiken abwägen.

Was verbinden Sie mit dem Begriff »Nachhaltigkeit«?

Als Allererstes die ursprüngliche Bedeutung dieses Begriffes. Nachhaltige Entwicklung bedeutet in der Forstwirtschaft, dass nur so viele Bäume gefällt werden, wie im gleichen Zeitraum nachwachsen können. Wenn wir diese Formel auf kulturell orientierte Unternehmen übertragen, bedeutet das: vom Zins leben und nicht vom Kapital. Natürlich denke ich bei Nachhaltigkeit auch an den 1987 von der UN-Kommission für Umwelt und Entwicklung verfassten Bericht mit dem Titel Our Common Future und die im Rahmen des Erdgipfels der Vereinten Nationen in Rio 1992 verabschiedete Deklaration, welche erstmals die Voraussetzung für eine nachhaltige Entwicklung nannte: Sie verlangt, ökonomische, ökologische und soziale Ziele derart in Einklang zu bringen, dass die heute auf der Erde lebenden Menschen ihre Bedürfnisse befriedigen können, ohne die Entwicklungsmöglichkeiten zukünftiger Generationen unangemessen zu beeinträchtigen. Ein Bekenntnis zu diesem Leitbild der nachhaltigen Entwicklung, wie in der Business Charter for Sustainable Development der internationalen Handelskammer, bedeutet, dass ein Unternehmen sich das Ziel gibt, die Gesellschaft zu fördern. Unternehmen mit diesem Ziel haben in einem engeren Sinn Kultur, denn ursprünglich ist Kultur nichts anderes als die Achtung vor der Schöpfung.

Was sind für Sie ewige Werte?

Zunächst meine ich, dass es vermutlich keine ewigen Werte gibt, denn der Mensch ist nicht der Mensch, sondern der historische Mensch. Und nicht zu allen Zeiten war der Mensch sich seines Tuns bewusst oder musste es sein. Dennoch gibt es Werte, die sich Kulturen geben, die ewigen Werten ähnlich sind. Das sind in einem relativen Verständnis: Dankbarkeit, Ehrfurcht, Fürsorge, Gerechtigkeit, Kompetenz, Selbstachtung, Toleranz, Verantwortung …

Peter

Peter Zec

Prof. Dr. Peter Zec ist geschäftsführender Vorstand des Design Zentrums Nordrhein Westfalen in Essen und Initiator des red dot design award, einem der international führenden Designwettbewerbe für Produkt- und Kommunikationsdesign. 1993 Berufung zum Professor für Wirtschaftskommunikation an die Fachhochschule für Technik und Wirtschaft in Berlin. 2005 wurde er zum Präsidenten des International Council of Societies of Industrial Design (Icsid) in Montreal, Kanada, gewählt.

Als exzellenter Kenner der deutschen und internationalen Designszene ist Peter Zec Herausgeber und Autor zahlreicher Designpublikationen, darunter das red dot design yearbook. Im Oktober 2006 wählte die WirtschaftsWoche Peter Zec zu einem der »20 schöpferischen Querdenker, die das Gesicht ihrer Unternehmen veränderten oder völlig neue Märke schufen«.

INTERVIEW

Design hat Einfluss auf die Lebensqualität

Gestaltung und Nachhaltigkeit gehen Hand in Hand – und können Unternehmen erfolgreicher werden lassen

Ein Gespräch mit Peter Zec

Welche Voraussetzungen müssen gegeben sein, damit das Image eines Unternehmens als positiver sozialer Wert definiert werden kann?

Das Image des Unternehmens wird entscheidend sowohl durch die Wahrnehmung des Erscheinungsbildes als auch durch das Verstehen der Aussagen des Unternehmens bestimmt. Je glaubwürdiger Erscheinungsbild und Kommunikation sind, desto positiver wird das Image als sozialer Wert des Unternehmens erfahren. Allerdings liegt die Entscheidung und Bewertung darüber immer beim Betrachter.

Otl Aicher hat gesagt, »Design ist neben der nackten Zahlenökonomie die Substanz des Unternehmens«. Warum?

Otl Aicher postulierte die Einheit zwischen dem Unternehmenskonzept, der inneren Haltung und Struktur eines Unternehmens und seinem Auftreten nach außen in Produkten, Unternehmenskommunikation und Marketing. Design verleiht also nicht nur Produkten, sondern auch Ideen, also der Unternehmensphilosophie, dem Unternehmen selbst in seinen vielen Facetten eine Form. Es übersetzt auf gewisse Weise die immateriellen Werte, so dass sie überhaupt erst erfahrbar und wahrnehmbar werden. Gutes Design vermag zudem ebensolche Werte auf einer emotionalen Ebene zu transportieren, ohne dass Begriffe wie Tradition, Seriosität oder Ähnliches überhaupt benutzt werden müssten.

Welche Gründe führen Ihrer Meinung nach dazu, dass Design als ein gestaltender und prägender kultureller Faktor der Gesellschaft zunehmend an Bedeutung gewinnt? Und weshalb ist Design ein wesentliches Kriterium für den Produkterfolg im globalen Wettbewerb?

Die Gründe für die wachsende Bedeutung von Design haben ihren Ursprung in der Globalisierung der Märkte. Im Prinzip kann jeder überall auf der Welt auf dieselben Wissensressourcen, Dienstleistungen und Produkte zugreifen. Das Angebot ist dementsprechend riesig und der Wettbewerb auf Unternehmensseite um Marktanteile deutlich härter geworden. Die Konsequenz ist, dass Unternehmen nach dem Wettlauf um die besten technischen Neuerungen in den vergan-

genen Jahren heute zunehmend auf eine ausgefeilte und vor allem zielgruppengerechte Gestaltung setzen, um sich im Wettbewerb zu behaupten. Die Bedürfnisse des Konsumenten rücken dabei mehr und mehr in den Vordergrund, wenn es darum geht, die ideale Form für ein Produkt zu finden. Ohne eine qualitativ sehr hochwertige Gestaltung geht heute fast gar nichts mehr. Das Designniveau ist dadurch stetig gewachsen – nicht nur im Hochpreissegment, sondern endlich auch im breiten Markt. Das hat zur Folge, dass Unternehmen in Zukunft noch innovativer sein werden und mittels Design eine langfristige Kundenbindung erreichen müssen. Das bedeutet auch, dass es wichtig ist, auf kulturell determinierte Ansprüche, Bedürfnisse, Ängste, Hoffnungen und Wünsche der Menschen einzugehen. Es gilt, die kulturellen Besonderheiten unterschiedlicher Länder und Märkte in der Produktentwicklung zu berücksichtigen, ohne dabei die eigene kulturelle Identität völlig aufzugeben.

Warum geht Design immer mit dem Risiko des Misserfolgs einher?

Die Schwierigkeit im Umgang mit Design besteht darin, dass eine gemeingültige Entscheidung darüber, was gutes oder schlechtes Design ist, schlicht nicht möglich ist. Und selbst wenn viele Menschen eine bestimmte Form oder einen gewissen Gestaltungsstil für

schön erachten, heißt dies noch lange nicht, dass sie das entsprechende Produkt auch für sich haben wollen, so dass insbesondere der Markterfolg nur schwer vorherzusagen ist. Design ist Geschmacksache, und damit ist eine Verobjektivierung der Entscheidung über Design von vornherein ausgeschlossen. Dennoch hat es Verobjektivierungsversuche gegeben, wie die Formel »form follows function«. Doch auch bei diesem so genannten »Funktionalismus« handelt es sich lediglich um einen Stil der Gestaltung, nicht um eine unantastbare Gestaltungswahrheit. Sofern eine Verobjektivierung überhaupt möglich ist, kann diese nur dadurch hervorgerufen werden, dass eine Vielzahl von Menschen darin übereinstimmt, in einem Designgegenstand den gleichen Sinn zu erkennen. Dieser Entscheidungsprozess basiert nicht auf reiner Anschauung, sondern auf Kommunikation. So ist es nicht schwer einzusehen, das Design stets dem Risiko der Ablehnung ausgesetzt ist.

Worin unterscheidet sich ein Designer von einem Künstler?

Ein Künstler ist mit seinem Werk niemandem gegenüber verpflichtet. Er ist völlig autonom und unabhängig in seiner Art zu arbeiten, kann also im wahrsten Sinne des Wortes machen, was er will, ohne auf andere Rücksicht nehmen zu müssen, sofern er keine Rech-

te anderer verletzt. Beim Design verhält es sich ganz anders. Ein Designer hat in der Regel immer einen Auftraggeber, für den er eine Dienstleistung erbringt. Dabei ist es für den Erfolg der Zusammenarbeit sehr wichtig, dass sich Designer und Auftraggeber bezüglich der zu bewältigenden Aufgabe so gut wie möglich verstehen und die Zusammenarbeit von gegenseitigem Respekt und Vertrauen gekennzeichnet ist.

Warum braucht Kreativität Freiheit?

Designer spielen bei der Gestaltung unserer Zukunft eine tragende Rolle: Sie werfen einen Blick auf die Welt, wie sie ist, und denken sie weiter. Deswegen ist es so wichtig, dass Gestaltern die Freiheit eingeräumt wird, in alle Richtungen zu denken, auszuprobieren, sich umzusehen. Nur so können wirklich neue Sachen entstehen. Doch jenseits aller Kreativität ist der Designer bei seiner täglichen Arbeit doch sehr stark der Macht des Faktischen unterworfen. Es gilt, in dem Spannungsfeld zwischen Denkbarem und letztlich innerhalb der vom Auftraggeber gesetzten Grenzen das Bestmögliche zu realisieren – und die Grenzen immer wieder ein wenig hinauszuschieben.

Weshalb ist Design für Sie ein ganzheitliches unternehmerisches Handlungskonzept, das über die reine Produktgestaltung hinausgeht?

Design ist kein universell wirkendes Wundermittel zur Erzielung des gewünschten Unternehmenserfolges. Analysiert man, was erfolgreiche, designorientierte Unternehmen von weniger erfolgreichen Wettbewerbern unterscheidet, so zeigt sich, dass Erfolg mit Design nicht einfach nebenbei mit relativ geringem Aufwand zu erzielen ist, sondern auf einem sehr konsequent betriebenen und stringent durchdachten Management basiert. Es lassen sich sieben Erfolgsmerkmale benennen: Primat der Qualität, Willen zur Gestaltung, Entwicklung eines Wertebewusstseins, kommunikatives Handeln, Freiraum für Kreativität, Mut zum Experiment und ein Verständnis des Kunden. Dabei spielen die Größe oder die Gesellschaftsform eines Unternehmens keine besondere Rolle. Wichtig ist nur, dass neben dem Designmanagement auch die gesamte Unternehmensführung auf einem soliden Fundament steht. Gut geführte Unternehmen können aber mit einem durchdachten Designmanagement noch viel erfolgreicher werden.

Worauf wird es bei der Umwelt- und Produktgestaltung zukünftig ankommen?

Eine der wichtigsten Aufgaben hat Design dort zu übernehmen, wo immer es um die Fürsorge, Planung und Gestaltung unserer Umwelt geht. Denn hierdurch wird unsere kulturelle Identität mindestens in gleichem Maße geprägt wie durch den Umgang mit industriell hergestellten Gütern. Denn die Gestaltung von Straßenzügen, Plätzen und Gebäuden sowie Wohn-, Arbeits- und Geschäftsvierteln übt einen nicht unbedeutenden Einfluss auf unsere Lebensqualität aus. In keinem anderen Bereich greift der Mensch durch die Schaffung künstlicher Werke stärker in die Natur ein als es im urbanen Raum geschieht. Umso wichtiger ist es, dass unser Handeln auf einem ausgeprägten Verantwortungsbewusstsein gegenüber Natur und Umwelt basiert.

Zugleich gewinnen ökologische Konzepte und Handlungsweisen im Design eine immer größere Bedeutung. Sowohl bei der Umwelt- als auch bei der Produktgestaltung kommt es in Zukunft immer mehr darauf an, Ressourcen sparende Maßnahmen zu treffen sowie Abfall- und Entsorgungsprobleme soweit es geht zu vermeiden. Indem es gelingt, der Umwelt und den Dingen eine neue, auf ökologischer Verantwortung basierende Ästhetik zu verleihen, werden sich zugleich unsere herkömmlichen auf Verschwendung und Überfluss setzenden Verhaltens- und Wahrnehmungsweisen zugunsten eines wachsenden Umweltbewusstseins wandeln. Im besten Sinne der Bedeutung kann Design so zu einer besseren Qualität unseres Lebens beitragen.

Wie können Probleme im Umweltbereich durch ökologisch motivierte Ästhetik reduziert werden?

In vielen Bereichen ist dies schon durch den Einsatz von umweltfreundlichen Materialien möglich. Oder durch Gestaltungslösungen, die nicht in vorhandene Ökosysteme eingreifen, sondern stattdessen vorhandene Gegebenheiten für sich nutzen – im Architekturbereich kann man hierzu viele eindrucksvolle Beispiele finden.

Welche Voraussetzungen müssen gegeben sein, damit sich Ökonomie und Ökologie im Designbereich fruchtbar miteinander verbinden?

Produkte müssen heute mehr und mehr so gestaltet sein, dass sie einem immer stärker ausgeprägten Umweltbewusstsein entsprechen. Sie müssen darüber hinaus über eine hohe Qualität des Materials und der Verarbeitung verfügen. Und sie müssen unter sozial vertretbaren Arbeitsverhältnissen hergestellt werden. Jeder dieser Aspekte muss beim Design dieser Produkte sorgfaltig berücksichtigt werden. Nur so ist auf Dauer noch der Erfolg von Unternehmen zu sichern.

Was verbinden Sie mit dem Begriff »nachhaltiges Design«?

»Nachhaltiges Design« hört sich zwar eher dröge an, ist für mich aber durchweg positiv besetzt. Denn schon der Begriff selbst macht deutlich, welch weit reichenden Einfluss Design auf so wichtige Bereiche unseres Lebens wie Umweltschutz, Energieverbrauch und so weiter haben kann. Bei nachhaltigem Design geht es darum, Produkte, Dienstleistungen, den öffentlichen Raum, Gebäude, Straßen – kurz: unsere Umwelt – so zu gestalten, dass der Einsatz von nicht erneuerbaren Energien und Rohstoffen reduziert und schädliche Einflüsse auf die Umwelt minimiert werden.

Gutes Design und soziales Gewissen lassen sich sehr gut miteinander verbinden – stimmen Sie zu?

Natürlich. Es gibt nichts Erstrebenswerteres, als Schönheit, Funktionalität, Gebrauchsqualität und soziale Verantwortung in einem Produkt vereint zu finden – und es sich dann auch noch leisten zu können.

7

Werde, der du bist: Von Authentizität und Aufbruchstimmung

Neuland betreten und Räume öffnen

Veränderungsprozesse brauchen Authentizität und Wertschätzung

Von Hannelore Schnellbügel

Veränderung bedeutet die Chance, Neuland zu betreten, neue Räume zu öffnen und sie auch mutig zu beschreiten. Heute – nach der Begleitung zahlreicher Veränderungsprozesse – kann ich folgende unabdingbare Voraussetzungen für das Gelingen von Veränderungsprozessen in Unternehmen benennen:

1. Eine klar formulierte und mit Leben erfüllte Unternehmenskultur, die in Zeiten von Veränderungen und somit großen Ängsten und Verunsicherungen wegweisend ist.

2. Der Zusammenschluss aller im Unternehmen tätigen reflektierten, werteorientierten und mutigen Führungspersönlichkeiten, die ein profundes theoretisches und praxisbezogenes Wissen über Veränderungsprozesse und deren Begleitung haben.

3. Die Stärkung und Befähigung der Mitarbeiter, im Rahmen der Personalentwicklung durch die Aktivierung der jedem Menschen innewohnenden persönlichen Veränderungskompetenz sowie die Ermutigung selbstverantwortlichen Handelns im Veränderungsprozess selbst.

4. Kontinuierliche Ergebnissicherung der Veränderungsschritte im Sinne einer lernenden Organisation sowie als Korrekturmittel.

5. Kontinuierliches Hinterfragen: Ist dieser Prozess/Teilprozess dienlich, wirksam, wertschätzend, lösungs- und handlungsorientiert?

Diese Punkte erheben keinen Anspruch auf Vollständigkeit; doch fehlt nur einer, ist es sehr schwierig bis unmöglich, Veränderungen in Unternehmen zu bewirken und sie nachhaltig am Leben zu erhalten – bis sie natürlicher Teil der Unternehmenskultur geworden sind.

Kommunikation ist dabei ein »goldenes Tool«. Wenn verstanden wird, dass jedem Menschen in erster Linie Wertschätzung entgegengebracht werden darf, damit ehrliche Kommunikation überhaupt stattfinden kann, ist dies ein entscheidender Durchbruch. Solange Kommunikation als Schlagabtausch, »Recht haben wollen um jeden Preis«, »Selbstinszenierung am Thema vorbei« und als »Medium der Bewahrung« alter Erfahrungen eingesetzt wird, ist sie nahezu wertlos. Gerade wenn Meinungen unterschiedlich, ja konträr sind, hilft die ehrlich gemeinte Wertschätzung, da sie auffordert hinzuhören, Neues gelten zu lassen, zunächst wertfrei zu hinterfragen, Horizonte zu dehnen, Standpunkte aufzubauen, um dann gemeinsam das lösungs- und handlungsorientierteste Vorgehen für die anstehende Entscheidung herauszufiltern.

Eine authentische Führungspersönlichkeit reflektiert sich kontinuierlich selbst und verlangt dies auch von ihren Mitarbeitern. Sie lebt das vor, was sie von ihren Mitarbeitern erwartet. Sie wird in Stunden der Wahrheit selbst sprechen und nicht »sprechen lassen«.

Das Wissen um den Wert eines Menschen ist für mich die tiefste Grundlage für alle weiteren Schritte. Nur wenn ich den Wert meines Gegenübers erkenne, wird er sich mir gegenüber wirklich öffnen, sich zeigen und sich mit mir in ehrlicher Form in Verbindung setzen können. Spricht man dem Einzelnen seinen Wert ab, wird die Reaktion entsprechend sein. Jeder Mensch hat ein sehr feines Gespür dafür, ob er als »wertvoll« oder »wertlos« gesehen wird. Würden wir das alle in der Tiefe seiner Bedeutung erkennen, hätten wir eine völlig andere Art des Umgangs miteinander.

Eng damit verbunden ist der Blick auf die Vielfalt, zum Beispiel auf das Wissen und Können der im Unternehmen wirkenden Menschen. Die Hebung und Nutzung dieser vorhandenen Ressourcen (Wissensmanagement) ist ein großer Mehrwert und eine unglaubliche Chance für das jeweilige Unternehmen. Zugleich werden die Mitarbeiter verbindlich in die laufenden Prozesse eingebunden und können wertvolles theoretisches und erprobtes praktisches Wissen von der Basis einbringen.

Emmanuel

Emmanuel Siregar

Dr. Emmanuel Siregar wurde im Juni 2007 zum Mitglied der Geschäftsführung der Karstadt Warenhaus GmbH bestellt.
Er verantwortet die Ressorts Personal und Organisation und ist Arbeitsdirektor der Karstadt Warenhaus GmbH. Studium der Theologie und Promotion. Von 1996 bis 1997 Tätigkeit als Unternehmensberater und Trainer bei der Gesellschaft für Kommunikation und Weiterbildung, Hamburg. Anschließend wechselte der gebürtige Brüsseler, dessen Eltern aus Japan und Indonesien stammen, zur Fielmann AG, Hamburg. Nachdem er im Jahr 2002 zum Ressortleiter Personal ernannt wurde, erfolgte 2004 die Berufung zum Vorstand Personal und Personalentwicklung und die Ernennung zum Arbeitsdirektor der Fielmann AG. Diese Position hatte er bis zu seinem Wechsel zur Karstadt Warenhaus GmbH inne.

Der Herzschlag macht die Musik

Lebendiges Arbeiten und offene Räume als Basis einer nachhaltigen Innovationskultur

Ein Gespräch mit Emmanuel Siregar

INTERVIEW

Weshalb muss ein Unternehmen,
wenn es nachhaltig erfolgreich sein will,
bei seinen Mitarbeitern ständig neue
Denk- und Handlungsweisen freisetzen?

Ein Unternehmen, das nachhaltig erfolgreich sein will, steht immer im Vergleich zu anderen Unternehmen, denn Erfolg ist das positive Ergebnis aus einem Vergleich. Je klarer wir diesen Zusammenhang erkannt haben und leben, umso leichter verstehen dies auch unsere Mitarbeiter. Jede einzelne Führungskraft unseres Unternehmens, jeder Mitarbeiter, jede Abteilung, jedes Team, jede Gruppe stehen im Vergleich zu Führungskräften, Mitarbeitern, Abteilungen, Teams und Gruppen anderer Unternehmen.

Wir haben also die Aufgabe, Arbeitsräume zu schaffen, in denen unsere Mitarbeiter erfolgreich sein, ihre Kreativität zielführend einsetzen können und neue Denk- und Handlungsweisen erproben dürfen. Dabei möchte ich betonen, dass nicht die Geschäftsführung in den Mitarbeitern Denk- und Handlungsweisen freisetzen kann. Sie kann nur Räume schaffen, in denen dies geschieht. Kreativität und Entwicklungspotenzial sind nicht delegierbar, sondern liegen in der Verantwortung und in der Freiheit des Einzelnen. Wir können als Führungskräfte nur den Rahmen bereitstellen, den Raum eröffnen und die Plattform bereiten, auf der die Kreativität des Einzelnen Wirkungsgrad zeigen kann.

Muss dies ständig geschehen? Ja, das ist in jedem Fall so: Erfolg als Eintagsfliege motiviert nicht. Unter »ständig« verstehe ich allerdings nicht einen sich wiederholenden, technokratischen Prozess, sondern einen lebendigen Raum, der durch das Zusammenleben und konstruktives wie kreatives Zusammenarbeiten dynamisch wächst.

Worin liegt für Sie das Wesen der Kreativität?
Und was macht es zum Zukunftskapital eines
Unternehmens?

Kreativität ist Schöpfung und Vermittlung. Und Kreativität bedeutet, etwas erhalten zu haben, das ich weitergeben möchte. Kreativität ist ein Talent, eine Gabe, die ich zunächst unverdient und zunächst unerleistet erhalten habe. Von daher ist Kreativität in ihrer Weitergabe ebenfalls ein Geschenk an den anderen Menschen, ebenso unverdient und – eben ein Geschenk. Von daher sehe ich Kreativität nicht als den Startpunkt einer auszuschlachtenden Prozesskette, sondern als lebendigen Herzschlag menschlichen Personseins und damit menschlichen Wirkens und Arbeitens überhaupt. Kreativität ist Menschsein, weil das Wesen des Menschen darin besteht, sich erhalten zu haben und sich geben zu können. Das Zukunftskapital eines Unternehmens ist die zielführende und intelligente Bindung von Kreativität, von kreativen Menschen.

Weshalb kann Kreativität in einem Unternehmen ein »Wert«, aber niemals ein »Programm« sein?

Kreativität als die Fähigkeit, produktiv zu denken, zu kommunizieren und umzusetzen, ist kein Programm, sondern eher der innewohnende Geist dieses Programms. Kreativität lässt sich, will sie erfolgreich sein, nur selten in standardisierte Vorgehensweisen pressen. Kreativität benötigt die Freiheit der Ausgestaltung und ist nur in dieser freien Dynamik erfolgreich und zielführend. Freigesetzte Kreativität kann aber durchaus standardisierte Prozesse nach sich ziehen. Der Arcandor-Wahlspruch »Committed to creating value« macht die Verbindung von Kreativität und Wert insbesondere deutlich. Menschen schaffen Werte. Das Ergebnis dieses Schaffens können Programme sein.

Weshalb wird Kreativität die Arbeitsmärkte der Zukunft dominieren?

Wir leben in einer Zeit, in der die Vergleichbarkeit der Produkte, der Waren und der Dienstleistungen ungleich höher ist als noch vor zehn oder zwanzig Jahren. Der Erfolg ist das positive Ergebnis aus einem Vergleich. Den Unterschied bei dem Vergleich, bei dem Wettkampf werden zunehmend Dinge ausmachen, für die die Unternehmen und ihre Mitarbeiter sehr viel Kreativität und Intelligenz anwenden müssen. Nicht umsonst gibt es die Definition von Intelligenz als der Geschwindigkeit, mit der ein Mensch auf eine ihm ungewohnte Situation reagiert. Reaktionsgeschwindigkeit und Kreativität machen erfolgreich intelligentes Vorgehen deutlich. Das ist der Schlüssel für den Erfolg der Zukunft.

Was verbindet innovative Menschen und innovative Unternehmen, und was fördert die Kultur der Innovation?

Innovation heißt Erneuerung. Eine Kultur der Erneuerung ist eine Kultur, die nur aus kreativen Ansätzen und Anstößen erfolgen kann. Deswegen gehören innovative Menschen zu innovativen Unternehmen. Schauen wir uns ein Unternehmen in seiner Struktur nicht als eine Quantifizierung von Arbeitskraft, sondern – um einmal ein biblisches Bild zu bemühen – als einen ganzheitlichen Leib an: Da ist die Geschäftsführung der Kopf, der Vertrieb eher das Bein, der Einkauf die Hand, die Öffentlichkeitsarbeit der Mund und das Controlling das Gehirn. Alle Zellen haben die selbe DNA, sind mit ihrem Unternehmen identisch. Ein innovatives Unternehmen hat Innovativ-Gene und damit innovative Menschen als Arbeitskräfte. Ein schläfriges, nicht innovatives Unternehmen hat schläfrige, nicht innovative Menschen als Zellen.

Eine Kultur der Innovation kann nur lebendig arbeiten, wenn innovativen Ideen auch Raum gegeben wird. Ein Unternehmen mit dem Etikett Innovation ohne lebendige, kreative und innovative Menschen ist nur eine leere Hülle.

Wollen wir eine Kultur der Innovation in unserem Unternehmen fördern, dann benötigen wir für den Leib dieses Unternehmens innovative Menschen mit demselben Innovativ-Gen. Und wir positionieren innovative Menschen dorthin, wo sie ihre Innovationskraft auch im Sinne des Unternehmens ausleben und erfolgreich einsetzen können. Dazu bedarf es Fingerspitzengefühl in der Personalakquise und in der Positionierung von neuen Mitarbeitern.

Der Kreativitätsforscher Dean Keith Simonton sagte einmal: »Um in der Schule gute Zensuren zu erhalten, muss man sich in der Regel weitgehend das herkömmliche Welt- und Menschenbild zu eigen machen.« Gute Zensuren erhält also, wer sich am besten anpasst. Oft werden die Begabten und Intelligenten schlechter benotet, weil sie die Beschäftigung mit anderen Dingen, die ihren Interessen mehr entsprechen, vorziehen. Welchen Stellenwert haben Lebensläufe, Reife- und Hochschulzeugnisse für Sie bei der Auswahl von potentiellen Bewerbern? Woran erkennen Sie talentierte und kreative Mitarbeiter? Worauf achten Sie in Vorstellungsgesprächen?

Natürlich achten wir alle im Personalwesen auf Lebensläufe, Reife- und Hochschulzeugnisse oder Zeugnisse der vorherigen Arbeitgeber. Form und Inhalt gehören zusammen. Allerdings erkenne ich persönlich Potentiale von Kandidaten eher zwischen den Zeilen. Da wird das Lieblingsfach wichtiger als die resultierende Schulnote, auch wenn sie eine Tendenzanzeige darstellt. Da wird das Engagement im Sportverein oder bei Amnesty International wichtiger als ein vorformuliertes Zeugnis. Da wird die Art und Weise, wie der Kandidat sich artikuliert und wie er zuhört, wesentlicher als ein Dokument über ein abgeleistetes Rhetorik- oder Präsentationsseminar. Gute Zensuren würde ich allerdings nicht in der Regel mit Anpassungsfähig-

keit identifizieren. Um gute Zensuren, vor allem auf Strecke, zu erhalten, muss man durchaus sehr zielstrebig, fleißig und vor allem auch kreativ sein. In diesem Sinne glaube ich eher, dass derjenige, der sich anpasst, durchschnittliche Zensuren erzielt, der nicht Angepasste erhält dann schon einmal eine 6 oder eben eine 1. Durchschnitt gebiert Durchschnitt, Höchstleistung bedeutet nicht Anpassung, sondern kreative Einsatzbereitschaft weit über das Normalmaß hinaus.

Ist Scheitern der Schlüssel zu Innovation?

Scheitern selbst ist nicht der Schlüssel zu Innovation, wohl aber der Durchgang zu Innovation. Es ist die Art und Weise des Umgehens mit Scheitern, die den Schlüssel zu Innovation in sich birgt. Aus meiner Sicht kann dieser Umgang auch gelernt werden. Er hat etwas zu tun mit Selbstakzeptanz und Fremdakzeptanz, ist also eher ein existentieller, kein willentlicher Prozess. Im Letzten ist auch dieser Durchgang vom Scheitern zur Innovation ein ähnlicher Vorgang wie der, den ich im Zusammenhang mit Kreativität versucht habe, zu umschreiben: Die Fähigkeit, im Scheitern zu Innovation zu kommen, ist eher ein Geschenk, eine Gabe, als eine willentliche Tat, eine Aktion. Sie ist im wahrsten Sinne des Wortes Passion und auch im doppelten Sinne dessen, wie Passion auch im Wortschatz christlicher Religionen genutzt wird, Durchgang von Scheitern und Niederlage hin zu einer neuen existentiellen Sichtweise. Jesus Christus ist gescheitert, gestorben und am dritten Tag auferstanden. Das ist dann damals die Geburtsstunde der Innovation gewesen: der Kirche. Vielleicht benötigt die Kirche heute ein neues Scheitern, um wieder auferstehen zu können.

Weshalb ist es wichtig, in einem Unternehmen auch kreative Risiken zuzulassen und sich zur Fehlerkultur zu bekennen? Schließlich ist erwiesen, dass die erfolgreichsten Kreativen in der Regel auch diejenigen sind, die die meisten Fehlschläge aufzuweisen haben. Wer nichts tut, kann auch keine Fehler machen ...

Es ist richtig, Fehler gehören dazu. Fehler können aber nicht einfach hingenommen werden. Deswegen spreche ich ungern von einer Fehlerkultur, sondern eher von einer Fehlerbehebungs- oder Fehlervermeidungskultur. Das Kreative am Umgang mit Fehlern ist die sich anschließende konstruktive Korrektur, nicht die bloße Akzeptanz von Fehlern als Bestandteil eines Regelprozesses. Wichtig scheint mir bei der Fehlerbearbeitungskultur, dass Fehler als solche analysiert und erkannt werden und – und das ist entscheidend – gemeinsam angegangen werden. Aus der präzisen Analyse und dem Blick in die Vergangenheit muss sehr schnell ein gemeinsames Commitment erfolgen. Auf der Basis dieser gemeinsamen Vereinbarung gilt es, Maßnahmenkataloge zu erstellen, um den Fehler zu beheben, die Umsetzung anzustoßen, gemeinsam zu begleiten, das heißt zu koordinieren, zu korrigieren und gegebenenfalls neu aufzusetzen, damit der damit behobene Fehler auch für zukünftigen Erfolg fruchtbar werden kann.

Dazu braucht es Stehvermögen, Engagement, Selbstbewusstsein und klare Verantwortungsübernahme, um für einen Gesamtprozess wertschöpfend zu sein, und zwar gemeinsam. Von daher denke ich, dass wir sehr streng darauf achten müssen, von einer Fehlervertuschungskultur zu einer Fehlerbearbeitungskultur zu kommen, die – positiv ausgedrückt – eine kreative Kultur der gegenseitigen Korrektur werden muss. Wir müssen lernen, miteinander konstruktiv korrigierend umzugehen. Dazu ist wichtig, dass der Einzelne nicht mit dem Fehler identifiziert wird, sondern grundsätzlich wertgeschätzt wird.

Wertschätzung umgreift Fehler, korrigiert sie aber, weil sie den Menschen wertschätzt. Von daher glaube ich, dass wir – und das hat auch etwas mit Creating Value zu tun – zu einer gegenseitigen Wertschätzungskultur kommen müssen, die beim Kunden anfängt, die die Mitarbeiter in Gänze mit einbezieht und bis in die Geschäftsführung und den Vorstand der Holding hinein Kulturprinzip werden muss.

Verantwortungsvolle Entdecker

Der Faktor Mensch macht im Wettbewerb den Unterschied

Von Oliver Georg

Nach Lutz J. Heinrich ist Kreativität die Fähigkeit des Menschen, schöpferisch zu sein, originelle Ideen zu entwickeln, einfallsreich und erfinderisch zu sein. Demnach haben es kreative Menschen in vielen Lebensbereichen leichter als andere. Sie können sich besser und rascher auf neue Situationen einstellen, suchen und finden schneller Ansätze, um Probleme lösen zu können.

Kreative Menschen verfügen über eine besondere Sensibilität in der Wahrnehmung und haben häufig ein ausgeprägtes Sozialverhalten. Sie lassen sich gerne auf Neues ein, reagieren auf Anstöße von außen und zeigen eine besondere Bereitschaft, sich Dinge auch ganz anders vorstellen zu können.

Um »zukunftsfähig« zu sein, benötigen Menschen die Fähigkeit, mit den sich verändernden Gegebenheiten kreativ umzugehen. Ein aktuelles Beispiel ist der Kampf ums Öl. Betrachtet man die aktuelle Lage auf dem Rohölmarkt, so erkennt man, dass der Rohölpreis ständig steigt, und die Öl-Ressourcen zunehmend knapper werden. Hier bedarf es kreativer Menschen, neue umweltbewusste Energiequellen zu finden und für den Menschen nutzbar und zugänglich zu machen.

Ein weiteres Beispiel ist das weltweite Medium Internet. Gerade hier, wo alle Wettbewerber die gleichen Märkte rund um den Globus auf die gleiche Art und Weise erreichen können und wollen, wird der Mensch als Ressource mit all seinen sozialen Kompetenzen und kommunikativen Möglichkeiten durch die Entfaltung seiner Kreativität zum entscheidenden Faktor im Wettbewerb.

Udo

Udo Quednau

Udo Quednau, geb. 1954. Mittlere Reife 1972. Lehre zum Flachstichgraveur, Fachabitur. 1981 Studium mit Abschluss zum Diplom-Grafikdesigner an der Folkwang Schule in Essen.

Arbeit in Agenturen und als Freelancer mit eigenem Kundenstamm aus den Bereichen Mode, Investitionsgüter, Handel und Dienstleistung. Dann der Bruch: »Die schlechte Wirtschaft der letzten Jahre setzte meiner bis dahin großen Freude an diesem Beruf ein jähes Ende.«

Das Nicht-Gelungene ist ein Neuanfang

Vom Mut, den eigenen Werten treu zu bleiben

Ein Gespräch mit Udo Quednau

INTERVIEW

Welche Grenzen haben Sie in Ihrem Leben überschritten?

Mir wurde im September 1987 eine hoch dotierte Stelle als Art-Direktor bei einer großen Düsseldorfer Agentur angeboten. Bei diesem Einstellungsgespräch stellte sich heraus, dass mein zukünftiger Vorgesetzter aus menschlicher Sicht eine Person war, mit der oder für die ich nicht arbeiten konnte. Ich brach das Gespräch sofort ab und ging, obwohl ich keinen anderen Job als diesen gehabt habe. Der Grund hierfür war, dass ich das extreme Gefühl hatte, meine Seele zu verkaufen, wenn ich in diese Firma mit ihren Vorstellungen von Werten eingewilligt hätte.

Weshalb ist es im Leben wichtig, über den Horizont hinaus zu denken und sich in unerschlossenes Territorium vorzuwagen?

Die eigenen Erkenntnisse sind Leitstrahlen, denen man folgen sollte. Da die Zukunft nur erahnbar ist und im eigenen Handeln sich erst gestaltet, ist der Lebensweg ein Wandeln auf unerschlossenem Territorium.

Der österreichische Dichter Hugo von Hofmannsthal schrieb: »Um die Zukunft zu erkennen, muss man aus der Wirklichkeit Träume bauen.« Macht erst die Möglichkeit, sie zu realisieren, das Leben lebenswert?

Träume sind für mich die Abbilder des Lebens, durch die man den eigenen Lebensweg beschrieben bekommt. Es liegt nun an jedem selbst, ob er sich wachsam auf etwas zubewegt, um sein Leben zu gestalten, oder ob man starr in seiner Position verharrt und am Ende womöglich mit leeren Händen da steht.

»Es ist leichter Atome zu zertrümmern als Vorurteile.« – Würden Sie diesen Satz von Albert Einstein unterschreiben? Und wenn: Inwiefern hat er mit Ihnen zu tun?

Nein, denn Einstein sagte diesen Satz in einer Zeit, in der Informationen noch »relativ« lange brauchten, um von einem Verstand zum anderen zu gelangen. In unserer heutigen offenen Mediengesellschaft wird Wissen normalerweise schneller und gezielter von einem zum anderen transportiert. Obwohl: Gegen Betonköpfe ist auch heute noch kein Hammer groß genug.

»Ich aber sage euch: Ihr sollt dem Bösen nicht widerstehen; sondern wenn dich jemand auf deine rechte Backe schlägt, so biete ihm auch die andere dar …« – Weshalb gehört das berühmte Jesuswort aus der Bergpredigt zwar zu den meist zitierten, doch den am wenigsten befolgten?

Hier antworte ich mit einem anderen Zitat: »Der Klügere gibt nach, aber er wird nie wissen, dass er der Klügere war.« Rückgrat zu besitzen, ist eine seltene Tugend. Aber Ängste sind auch heute noch nach meiner Erkenntnis die häufigsten Ursachen und somit die größten Widersacher solch einer Tugend.

Gibt es das: gelungenes Scheitern?

Nein, es gibt kein Scheitern! Betrachtet man das Nicht-Gelungene, so ist es auch immer wieder ein Neuanfang – bloß in eine andere und vielleicht bessere Richtung.

Was hat der Gescheiterte dem Erfolgreichen voraus?

… mehr Wissen über die eigene Person, Umgang mit den Fähigkeiten der eigenen Person und erworbenes Rückgrat durch Nicht-Gelingen.

John Bunyan schreibt in seinem Buch »Die Pilgerreise«: »Wer glücklich leben will, der hole sich seinen letzten Tag herbei und erwähle ihn zu seinem ständigen Begleiter.« Wie kann diese Erkenntnis Führungskräften vermittelt werden, die nicht gelernt haben, die Dinge vom Ende her zu sehen?

Wie kann man dem Wolf beibringen, er solle das Lamm nicht fressen? Der Wolf, der dann das Lamm nicht fressen will, muss selbst ein neues Rudel bilden und in einer neuen Umgebung seine Ziele durchsetzen.

Welche Grundwerte sollten Führungskräfte nicht nur einfordern, sondern auch leben?

In ihrer Vorbildfunktion sollten sie die Grundwerte durch Verantwortung, Offenheit, Toleranz und Respekt allem Lebenden gegenüber widerspiegeln. Ein Geben und Nehmen!

Der Kahn kämpft gegen die Strömung

Mit ihrer Hilfsorganisation Friendship eröffnet Runa Khan Marre den Arbeitern in Bangladesch Chancen auf eine bessere Zukunft

Von Philipp Kohlhöfer

In Bangladesch kümmern sich ein deutscher Manager und die Gründerin eines Hilfsprojektes gemeinsam darum, dass Hilfsgelder sinnvoll angelegt werden. Die Zusammenarbeit begann nach einem katastrophalen Fabrikeinsturz und wird seither fortgesetzt.

Als unter ihr das Wasser mit dem Land verschmilzt und die kleine Cessna zum Landeanflug auf den »floating islands«, den schwimmenden Inseln, ansetzt, sieht Runa Khan Marre aus dem Fenster und lächelt, die Gegend hat ihr immer schon gefallen. Blau, grün, ocker, beige, das Flussdelta leuchtet wie ein seltener Edelstein. Vereinzelte Strohhütten wirken, als hätte sie jemand auf die Hügel gewürfelt. Dazwischen mäandert der Brahmaputra, 3.000 Kilometer lang, teilweise über einen Kilometer breit, einer der größten Flüsse Asiens. Der Fluss bietet den Menschen alles, was sie zum Leben brauchen, aber manchmal zeigt er sich von seiner hässlichen Seite. Wenn es regnet, tritt er über seine Ufer und sucht sich einen neuen Weg durch die Sumpflandschaft. Dann nimmt er den Menschen alles, was er ihnen zuvor gegeben hat. Und noch mehr.

Runa Khan Marre, Mitte 40, streicht sich nach der Landung des Wasserflugzeugs auf dem Fluss den bunten Sari zurecht, ihren Hals schmückt eine weiße Perlenkette. Sie strafft den Rücken, reckt das Kinn vor und zieht los, im Schlepptau einen Mitarbeiter des einstigen KarstadtQuelle-Konzerns, den sie heute in diesen abgelegenen Winkel gebracht hat. Arnd Bornemann überwacht von Hongkong aus die Zusammenarbeit mit Lieferanten und unterstützt in Bangladesch das Engagement seiner Kollegin Esther Tse, die sich von Hongkong aus für die Einhaltung von Sozialstandards bei den Zulieferbetrieben in ganz Asien einsetzt. Der groß gewachsene und kräftige Franke ist seit sieben Jahren für KarstadtQuelle weltweit unterwegs und möchte sich selbst ein Bild von der Lage in Bangladesch machen.

Zum Beispiel von den »nomad islands« – unzähligen Inseln im Strom, eine Flugstunde nördlich von Dhaka, der Hauptstadt des Landes. »Hier leben 1.500 Menschen«, sagt Runa Khan und schreitet voran über die Piste, »der reichste von ihnen besitzt vier Kühe.« Es war der richtige Ort, um ihr Hilfsprojekt zu starten. Die Bemühungen von Architekten, den Fluss zu kanali-

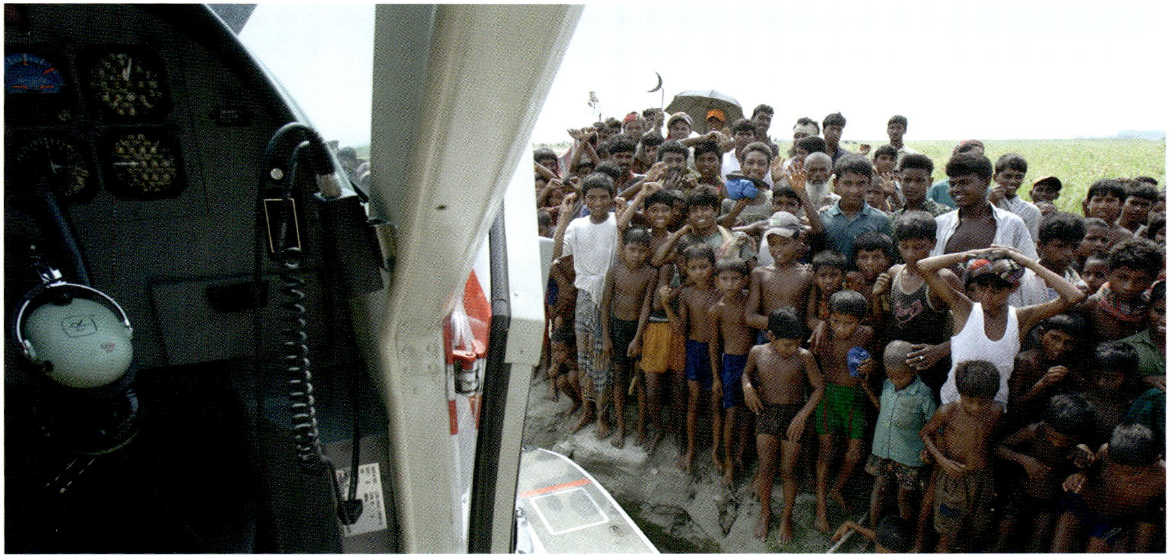

Das vor Anker liegende »Liveboy Friendship Hospital«. Jeden Tag warten hunderte Patienten mit ihren Angehörigen auf eine Behandlung oder Nachsorge.

sieren, sind fehlgeschlagen. Auf kleinen Feldern bauen die Bewohner Reis, Mais, Linsen und Gemüse an. Vor der Insel ankert ein rotes Boot, deutlich größer als die Kähne der Fischer. Es ist das Krankenhausschiff ihrer Hilfsorganisation »Friendship«.

»In diesem Gebiet gibt es so gut wie keine staatliche oder privat organisierte Infrastruktur, weder Straßen noch Strom oder Gesundheitsvorsorge.« Vor dem Eingang zum Schiff steht eine lange, stumme Schlange wartender Menschen.

Jeden Tag kommen Hunderte aus der gesamten Region, manche von entlegenen Inseln, die Tagesreisen mit dem Boot entfernt liegen, um sich von Zahn- und Augenärzten, Chirurgen und Allgemeinmedizinern behandeln zu lassen. Bis zu 60 Ärzte arbeiten im Lauf des Jahres auf dem schwimmenden Hospital, das seit Bestehen des Projektes 2003 rund 600.000 Menschen medizinisch versorgt hat. Die Ausstattung des Schiffes ist einfach, aber für kleinere Operationen ausreichend.

»Es gibt leider keine Alternative zu unserem Schiff«, sagt Runa Khan. Der Staat hat in diesem Teil des Landes so gut wie keine medizinische Infrastruktur. Zusätzlich zum Schiff finanziert Friendship rund 100 mobile Gesundheitsteams. Pfleger, Schwestern und Ärzte fahren mit kleinen Booten zu entlegenen Siedlungen. Stolz nennt Runa Khan dem deutschen Manager eine Zahl: »Am Anfang haben wir gerade mal 1.000 Menschen im Monat besucht, jetzt sind es schon 18.000.« Die Arbeit muss weitergehen. Runa Khan ist darum auf der Suche nach Sponsoren. Bornemann weiß, was sie von ihm erwartet. Eine Zusage für Unterstützung. Die hat er schon einmal gegeben.

Die Bangladescherin und der Deutsche kennen sich seit drei Jahren. Damals stürzte in Dhaka, dem Zentrum der Textilindustrie Bangladeschs, eine Sweatshirtfabrik ein, 64 Menschen starben in den Trümmern, 74 wurden verletzt. Die damalige Karstadt Quelle AG richtete zusammen mit drei anderen europäischen Textilhäusern einen Hilfsfonds ein. Zwar hatte der Konzern in der Firma nur einmal Testkäufe getätigt, und das auch eineinhalb Jahre vor dem Einsturz des Gebäudes, »aber schließlich«, sagt Bornemann, »übernehmen wir als Konzern auch Verantwortung im Rahmen der Umwelt- und Gesellschaftspolitik. Friendship hilft uns als lokaler Partner bei der Durchführung entsprechender Projekte.«

Die Organisation Friendship wurde damals beauftragt, die Hilfsgelder aus Europa zu verwalten. Friendship beriet die Hinterbliebenen und Verletzten, damit sie sich mit dem Geld eine neue Existenz aufbauen konnten. Sie sollten es sinnvoll investieren: Land kaufen, um Reis anzubauen, eine Kuh kaufen, um Milch zu verkaufen, ein kleines Geschäft eröffnen. Das Geld

Runa Khan Marre und Arnd Bornemann auf Erkundungstour.

wurde nur zweckgebunden vergeben. »Die Methode dauerte zwar länger, als es einfach auszuzahlen«, sagt Runa Khan, »war aber effektiver: Die meisten der damaligen Opfer können sich heute wieder selber versorgen.«

So wie Zarina Begum. Sie lebt nicht weit von der zusammengebrochenen Fabrik entfernt in einer kleinen, dorfähnlichen Siedlung am Rande der Hauptstadt an der EPZ-Road, einer Hauptverkehrsader Dhakas. In der Unglücksnacht wurde sie nachts um zwei von ihrer Tante geweckt: »Hast du schon gehört? Die Fabrik ist eingestürzt! Wo ist dein Mann?« Begum rannte zur Fa-

Runa Khan Marre und Arnd Bornemann treffen die Hinterbliebenen Zarina Begum und ihren Sohn Zahirul Islan. Im Hintergrund die Nachbarn der Siedlung am Rande Dhakas.

brik und wartete sieben Stunden an der Absperrung. Bis aus ihrer Ahnung Gewissheit wurde und die Rettungsmannschaften ihren toten Mann aus den Trümmern bargen. Er wurde noch am selben Abend beigesetzt.

Vom Textilverband der bengalischen Arbeitgeber bekam Begum 100.000 Taka als Entschädigung. Das entsprach rund 20 Monatslöhnen ihres Mannes. Doch Begum wurde nicht darüber informiert, dass sie zur Bank gehen und etwas von dem Geld abheben konnte. Ihre beiden Töchter hatten ebenfalls in der Fabrik gearbeitet und verdienten plötzlich nichts mehr. Ihr Vermieter drohte, wenn sie keine Miete zahlen könne, müsse sie ausziehen. Begum lieh sich Geld bei Nachbarn zu hohen Zinsen, um die Familie durchzubringen, und nach der ersten Katastrophe deutete sich die zweite an. Ein paar Wochen später besuchte sie ein Friendship-Mitarbeiter. Sie bekam zusätzlich zu der Summe, die der Textilverband hinterlegt hatte, Geld aus dem Hilfsfonds. Begum konnte ihre Schulden bezahlen, ein kleines Wellblechhaus und ein Stück Land kaufen, auf dem sie jetzt Reis anbaut.

An dieser Stelle hat KarstadtQuelle in Kooperation mit Friendship geholfen. Aber diese akute, humanitäre

Hilfe ist nach Angaben der deutschen Gesellschaft für Technische Zusammenarbeit (GTZ) eher die Ausnahme. Rund 140 Unternehmen aus aller Welt kaufen Textilien in Bangladesch ein. Nicht mal ein Drittel von ihnen interessiert sich für die Produktionsbedingungen. In den etwa 4.000 Textilfabriken des Landes arbeiten drei Millionen Menschen, in erster Linie Frauen. Die Textilindustrie ist der wichtigste Wirtschaftszweig des Landes. Der Ausfuhrwert der Textilien beträgt pro Jahr acht Milliarden US-Dollar, drei Viertel des gesamten Exports. Die Arcandor AG (vormals KarstadtQuelle AG) trägt dazu mit jährlich knapp 50 Millionen Dollar bei. Und leistet damit einen Beitrag zur wirtschaftlichen Entwicklung des Landes. Doch selbst hier geht es noch billiger. »Ich könnte ein T-Shirt oder Sweatshirt auch billiger bekommen«, weiß Bornemann. Wenn es unter miserablen Arbeitsbedingungen produziert wird – die das Unternehmen nicht will.

Deshalb macht Arnd Bornemann weiterhin Stippvisiten bei den Lieferanten, obwohl inzwischen der Handelsagent Li & Fung für die Abwicklung der vom Arcandor-Einkauf platzierten Aufträge verantwortlich ist. Dabei achtet Bornemann in den Fabriken nicht nur auf Lieferbedingungen und die Warenqualität, sondern auch darauf, ob Feuerlöscher funktionsfähig und Fluchtwege frei zugänglich sind. »Jeder Arbeiter muss seine Gehaltsabrechnung monatlich und eine Kopie seines Arbeitsvertrags bekommen, außerdem ein kleines Heft, in dem seine Rechte beschrieben sind.« Weil viele Arbeiter nicht lesen und schreiben können, sollen ihnen ihre Rechte auf Betriebsversammlungen erklärt werden. Wer sich nicht daran hält, wird von der Liste der Lieferfirmen gestrichen. Wie werden Überstunden vergolten? Wie viel Platz hat jeder Arbeiter? Wie ist es um die Hygiene im Betrieb bestellt? Wie viele Toiletten gibt es? Wie sind die Arbeitszeiten? Wie sind die Lichtverhältnisse? Kaum ein Detail, für das sich Bornemann nicht interessiert. Meist schaut er durch seine Brille hindurch ausgesprochen freundlich – es sei denn, er findet einen Erste-Hilfe-Kasten an der Wand einer Fabrik, in dem kein Verbandsmaterial liegt. Dann kann es passieren, dass Bornemann seine kleine Digitalkamera zückt, einmal abdrückt und den staunenden Arbeitern erklärt: »So, das zeige ich jetzt mal eurem Chef.«

Runa Khan hört solche Geschichten gerne, aber sie weiß, dass Bornemann seinen Job nicht aus Selbstlosigkeit erledigt, dass Ökonomie letztendlich immer damit zu tun hat, mit möglichst wenig Kosten möglichst hohe Gewinne zu erzielen. Das stört sie nicht. »Geschäfte machen ist ja nichts Schlechtes, es kommt nur darauf an, dass alle etwas davon haben. Und am Ende muss der Konzern auf seine Kunden hören.« Sie redet schnell, springt von einem Gedanken zum anderen, von einer guten Idee zur nächsten. Auch dass in Europa das Interesse für die soziale Situation in den Firmen Bangladeschs gewachsen ist, freut sie. Vielen Konsumenten ist es nicht mehr egal, ob das Stück

Stoff an ihrem Körper von Kinderhänden oder in einem dunklen Loch gefertigt wurde, in dem Frauen arbeiten, die nur einmal am Tag zur Toilette gehen dürfen. Die Welt könne noch so globalisiert sein, sagt Runa Khan, am Ende lasse sich doch alles auf die eine Frage reduzieren: »Wie geht ihr miteinander um?«

Runa Khan stammt aus einem reichen Elternhaus und ist behütet aufgewachsen. »Ich habe nie arme Menschen gesehen.« Als sie zum ersten Mal einen Bettler traf, habe sie stundenlang geweint. »Ich merkte, es gibt Menschen, die haben tagelang nichts zu essen. Zuerst dachte ich, die lügen, als sie mir das sagten.« Heute ist sie mit einem Franzosen verheiratet. »Der Europäer hat mir die Augen geöffnet«, sagt sie, und meint damit ihren Mann, »er hat eine entscheidende Rolle in meinem Leben gespielt, weil er mir mit seinem Blick von außen geholfen hat, die Wahrheit nicht länger zu leugnen.« Das hat sie ruhe- und rastlos gemacht. »Nur wenn man die Realität sieht, kann man sie verändern.« Als Nächstes möchte sie ein Sozialversicherungssystem für Textilarbeiter einführen. Dazu führt sie Gespräche auf politischer Ebene, macht Networking und ist geduldig. Denn im Gegensatz zu kleinen Verbesserungen der Arbeitsbedingungen in ausgewählten Firmen ist das zu drehende Rad diesmal sehr groß. »Ganz langsam schiebe ich es an«, sagt sie, die Widerstände seien gewaltig.

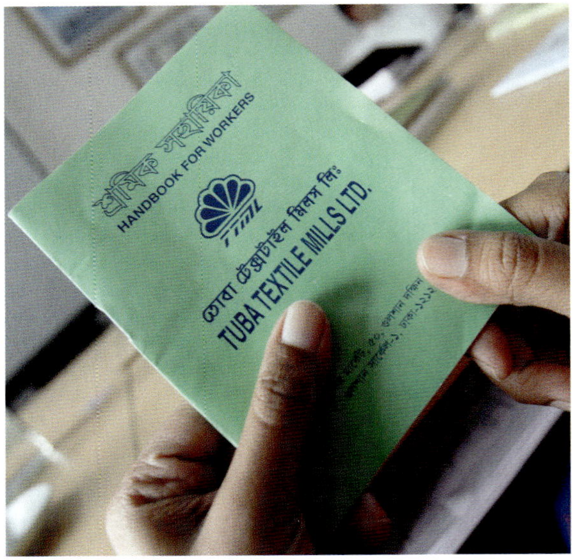

Das »Handbuch für Fabrikarbeiter«.

Bornemann weiß, wovon sie redet. Bis Herbst 2006 war er Leiter des KarstadtQuelle-Büros in Dhaka. Dort hatte er immer wieder versucht, Fabrikbesitzer von der Notwendigkeit der Sozialstandards zu überzeugen. Im Konferenzzimmer seines Büros warf Bornemann im Februar 2006 eine PowerPoint-Grafik an die Wand und erläuterte vier großen bengalischen Textilproduzenten zuerst die Wertschöpfungskette von der Fabrik in Asien über das Warenhaus bis zum europäischen Konsumenten. Dann zeigte er ihnen einen Ausriss aus dem Nachrichtenmagazin SPIEGEL. Die Überschrift des Artikels vom Juni 2005: »Blut in der Zuliefererkette.« Bornemann erklärte: »Wir werden beobachtet.« Textilien seien in Europa nicht zu

Arnd Bornemann, Reza bin Mahmood (Textilproduzent, Bildmitte) und Dr. Thomas Ruthekolck (rechts im Bild) überzeugen sich im Maschinensaal von der Qualität der Strickwaren.

verkaufen, wenn Sicherheits- und Sozialstandards nicht eingehalten würden. Notfalls werde sich der Konzerneinkauf andere Lieferanten suchen.

Die vier Unternehmer diskutierten kurz, dann stimmten sie Bornemanns Vorschlägen zu und beteiligten sich an einem von der Deutschen Investitions- und Entwicklungsgesellschaft DEG und KarstadtQuelle (jetzt Arcandor) initiierten Programm zur nachhaltigen Verbesserung von Sozialstandards in den Produktionsstätten.

Doch heute sollen keine bengalischen Unternehmer, heute soll Bornemann selbst von einer guten Idee überzeugt werden. Runa Khan schaut auf die Uhr, will nicht hetzen, aber sie hat noch andere Termine für den deutschen Besucher geplant. Bornemann hat sich dafür eineinhalb Tage Zeit genommen. Denn den Einkauf in Asien kann der Konzern ausgliedern, »aber niemals die soziale Verantwortung«, sagt er. »Es geht um Ethik.«

Und Runa Khan? Sie hat Friendship wie ein Unternehmen organisiert. »Wir agieren genauso professionell wie ein Wirtschaftskonzern.« Nur gehe es dabei nicht ums Geldverdienen. »Es geht um Ethik.« Trotz unterschiedlichem Hintergrund sagen beide das Gleiche.

Ein kleines Boot steht mit tuckerndem Außenbordmotor neben dem Krankenhausschiff bereit. Als die beiden eingestiegen sind und das Boot beschleunigt, nutzen Runa Khan und Bornemann die Zeit, eingehend miteinander zu diskutieren. Der Kahn kämpft gegen die Strömung des Brahmaputra, schlammiges Wasser spritzt vom Bug auf. Inseln ziehen vorbei, bewachsen mit meterhohem Gras. Die schnelle Fahrt geht vorbei an Dörfern und einfachen Hütten aus Bambus, Blech und Stroh. Unter einem Vordach stehen drei Kinder und winken dem Boot zu. Es ist eine Schule. Wieder ein Hilfsprojekt, das Friendship organisiert.

In diesem Teil des Landes würde es keinen Sinn machen, ein Haus aus Stein zu bauen. Zu viel Arbeit, zu teuer, nach ein paar Monaten vielleicht wieder weggespült. »Es kommt auf die Lehrer an«, sagt sie. »Nicht auf das Haus, in dem gelehrt wird.« Zehn solcher mobilen Schulen hat Friendship im letzten Jahr errichtet. 300 Schüler werden darin unterrichtet. Sie sagt: »Wenn die Kinder nicht in die Schule kommen können, muss die Schule eben zu den Kindern kommen«, es klingt wie eine Phrase aus einem amerikanischen Actionfilm.

Aber das ist die Wirklichkeit. Neben dem normalen Unterricht bekommen die Kinder eine so genannte Sozialerziehung. »Ihr seid arm, aber ihr habt dieselben Rechte wie ein reicher Fabrikbesitzer. Nichts kann so unfair sein wie das System«, sagt Runa Khan. »Mmhh«, macht Bornemann. Er ist überzeugt, dass das sehr wohl geht: schnell und preisgünstig produzieren. Aber die Rahmenbedingungen müssen stimmen. Deshalb sein vielschichtiges Engagement in Ländern wie Bangladesch.

Arnd Bornemann hat im Laufe der Jahre in Asien viele Hilfsorganisationen kennengelernt. »Runa Khans Friendship funktioniert am besten: Sie ist eine professionelle Managerin und arbeitet direkt an der Basis, sie geht gut mit den Menschen um und hat ihre Verwaltung effizient strukturiert.« Deshalb wird die Arcandor AG ihre Arbeit weiter unterstützen. Auf dem Rückweg nach Dhaka sagt er ihr das. Zum Beispiel die Idee mit dem Sozialversicherungssystem für Textilarbeiter. »Die gefällt mir.« Unterstützt von Einkäufern zahlen Fabrikbesitzer und Arbeiter in einen gemeinsamen Topf, den Friendship initiiert und der im lokalen rechtlichen System verankert ist. Bornemann ist überzeugt: »Da versickert kein Penny.«

Die Hebelwirkung des Außergewöhnlichen

Kreativität bedeutet, mit den Herausforderungen zu wachsen

Von Maria Schmitz

Kreativität ist in der heutigen Wirtschaft entscheidend, weil wir ständig mit Problemen konfrontiert werden, die bislang nicht existent waren. Martin Gillo von AMD, der mit dem Aufbau des AMD-Werks in Dresden betraut wurde, wusste die Hebelwirkung des Außergewöhnlichen zu würdigen. Sein Handeln ist dem linearen Tun, dem geradlinigen Denken diametral entgegengesetzt und akzeptiert die inhärente Ambiguität der Dinge.

Als Martin Gillo mit der Herausforderung konfrontiert wurde, drei Kulturen, nämlich Ostdeutsche, Westdeutsche und Amerikaner, zu einer harmonischen Zusammenarbeit zu bewegen, reagierte er mit der Schaffung einer übergeordneten Kultur (hyperculture) und bereitete damit den Weg für eine Symbiose.

Gillo entdeckte bald, dass das Bauen eines funktionierenden Werks weniger ein definierbares Problem und mehr ein Nest von gegenseitig abhängigen Problemen ist. Die Aufgabe selbst entwickelte sich ständig zusammen mit denjenigen, die sie betreuten, ein Prozess, den Gillo co-evolution genannt hat. Indem jedes Team mit genau der Herausforderung konfrontiert wurde, die seinem Potenzial vollends entsprach, förderte Gillo einen natürlichen Flow. Mit diesem Konzept der Mitarbeiter-Ermächtigung schaffte er es schließlich mit der Zeit, alle sich entwickelnden Probleme beim Aufbau des Halbleiterwerkes zu bewältigen.

Zu Hause in Deutschland

Diversity bedeutet Heimat in der Vielfalt – im Unternehmen wie im Privaten

Von Tilman Wörtz

Dennis Obiegbu flüchtete als junger Mann aus Nigeria. Heute lebt er mit deutscher Frau und Kindern in Essen und arbeitet im Konzerneinkauf von Arcandor. Ein Beispiel positiver Globalisierung.

Die Aufzugtür öffnet sich, ein Postwagen rollt über die Teppichbahn durch den Gang. Groß wie der Mann hinter dem Wagen sind seine Gesten: »Morgen« und »Tschüss«, sagt er und winkt in die Rechtsabteilung im zweiten Stock der Zentrale der Arcandor AG (vormals KarstadtQuelle AG), Essen. Schiebt den Wagen weiter in die Schmuckabteilung. »Morgen. Tschüss.« Vorstandsetage. Dennis Obiegbu teilt aus: Zeitungen für den Kommunikationschef, Briefe für den Vorstandsvorsitzenden. Der kommt ihm nun entgegen. »Morgen. Tschüss.« Aufzug zu. Runter ins Untergeschoss des dreistöckigen Quaders, Postabteilung. Hier arbeitete Dennis Obiegbu bis August 2007. Ein stets gut gelaunter Mann und Meister des Smalltalks. »Niemand kennt so viele Leute in der Hauptverwaltung in Essen wie er«, sagen seine Kollegen.

Es war kein einfacher Weg vom Asylbewerber bis zum festen Job bei der Karstadt Warenhaus GmbH; von den Sorgen um die Familie in Nigeria zu den Freuden über den Nachwuchs in Deutschland. Zwei Töchter haben Dennis Obiegbu und seine deutsche Frau Bärbel, Chigozie (7) und Amachi (3). Namen aus der Heimat, die »Gott segne sie« und »Tor zum Himmel« bedeuten. Die Mädchen werden sie ihr Leben lang buchstabieren müssen. »Ihre zweiten Namen sind deshalb Naomi und Emilia«, sagt der Nigerianer lächelnd und fügt hinzu: »Mein Leben ist ein Spiegel der Globalisierung.«

Seine Erfahrungen zwischen den Kulturen bestimmen die Weise, wie er arbeitet und sich in neuen Situationen zurechtfindet. Ein Lernprozess, der noch nicht abgeschlossen ist, aber Erfolg verspricht. Der jüngste: Diplom der Wirtschaftswissenschaften an der britischen Fernuniversität Milton Keynes. Das war nicht einfach, denn kurz zuvor wurde seine Schwester ermordet und sein Bruder starb an Leukämie. Zu Hause in Nigeria.

Post kommt. Leert sich auf ein Fließband, um das Dennis Obiegbu und 20 Kollegen sitzen, Briefe, Pakete und Zeitungen in Regalfächer sortieren. Ein Drittel der Mitarbeiter hat Wurzeln im Ausland. Alle sprechen fließend Deutsch, in das sich fachspezifische Wendun-

gen eingeschlichen haben. »Kannst du mir noch mal den Vorstand bringen? Ich gehe gleich auf Special Tour«, sagt Dennis zu seinem türkischen Kollegen Yüksel, der am »U« – einem Regal mit Postablagen in U-Form – Briefe und Pakete in die Fächer »Schnäppchen«, »Betriebsrat« und eben »Vorstand« verteilt.

Dennis Obiegbu packt in der Pause sein mit Käse belegtes Vollkornbrot aus der Tasche und liest die taz – klassische Utensilien eines deutschen Umweltbewegten, aber für Obiegbu die einzige Zeitung, die auch mal über Nigeria berichtet – außerdem will er die Zeitung unterstützen – »die brauchen jeden Abonnenten«. Doch hinter Stulle und taz steckt Dennis Obiegbus höchst persönliche Biografie, die 1971 in der Provinz Biafra beginnt, nur ein Jahr nach einem gescheiterten Unabhängigkeitskrieg und einer fürchterlichen Hungerkatastrophe.

Nigerianer aus Biafra, Igbo-People, welche die drittgrößte Bevölkerungsgruppe des Landes bilden, waren den Militärdiktatoren von Haus aus suspekt. Als Student der Ökonomie protestierte Dennis Obiegbu in der Hauptstadt Lagos für mehr Demokratie und musste nach Deutschland flüchten. Hier bemühte er sich als Asylbewerber um seine Anerkennung, ohne überhaupt Deutsch zu sprechen.

Doch kommunikativ, wie Obiegbu nun mal ist, sprach er ohne Hemmungen Leute an. Die Lektüre der taz war für ihn ein zusätzliches Sprachtraining und politische Bildung zugleich. »Die Erfahrungen haben mir gezeigt, dass ich mich für meine Rechte einsetzen kann.« Er erreichte schließlich die Anerkennung als politischer Flüchtling.

Dennis Obiegbu will nun auch den Arbeitsplatz und sein neues Leben in Deutschland gestalten. Als er das berühmte Kinderbuch »Zehn kleine Negerlein« in der Buchabteilung von Karstadt Warenhaus in die Finger bekam, wies er den Einkaufsleiter auf die problematische Lektüre hin. Schließlich sterben in dem Buch zehn Afrikaner, als dumme Farbige dargestellt, von fröhlicher Melodie besungen. »Das Lied singt man in Deutschland doch schon seit Generationen, was willst du da erreichen?«, wandten seine Kollegen ein. Doch Dennis Obiegbu ließ sich nicht entmutigen – und Karstadt Warenhaus nahm das Buch aus dem Sortiment.

Hans-Josef Mammes ist ein ruhiger, korrekter Niedersachse, trägt Anzug mit Krawatte und hat immer die großen Zusammenhänge der Weltgeschichte im Blick. Dennis Obiegbu und er hatten so ihre Diskussionen. Mammes führte 1999 das Einstellungsgespräch und gab Obiegbu den Job, »weil er ein vernünftiges Auftreten hat«. Die oberste Reihe der Postfächer liegt hoch, doch Dennis Obiegbu erreicht sie mit seinen ein Meter neunzig ohne Verrenkungen. Lasten von 200 Kilo auf den Karren müssen an manchen Tagen über die Teppichbahnen der Gänge geschoben werden. »Er macht seine Arbeit sehr ordentlich«, sagt Hans-Josef Mammes, obgleich es schon mal eine Ausnahme gab, als Dennis Obiegbu vier Wochen Urlaub außer der Rei-

Die Ex-Kollegen aus der Poststelle (v.l.n.r.): Barbara Kania, Thomas Nolte.

he nehmen wollte. Die Genehmigung fiel Hans-Josef Mammes schwer: »In Deutschland stellen wir die Arbeit über das Private.«

Doch Dennis Obiegbu konnte zwingende Gründe nennen: Seine jüngere Schwester war in Nigeria vergewaltigt und ermordet worden, hinzu kam, dass kurz darauf sein älterer Bruder Uche an Leukämie starb. Es war ein Trauma, Dennis Obiegbu brach zusammen. Er wollte nach Nigeria, musste seiner Mutter bei der Beerdigung beistehen, die in seiner Heimat großen Aufwand erfordert. 500 Gäste kamen zur Trauerfeier in der Hauptstadt Lagos, wo Bruder Uche eine erfolgreiche Importfirma für medizinische Geräte besessen hatte. Noch mal 1.000 Gäste kamen zur eigentlichen Beerdigung ins 600 Kilometer entfernte Heimatdorf Ogbunike. Die Vorbereitungen waren unter vier Wochen nicht zu machen.

Hans-Josef Mammes gewährte ihm schließlich den Urlaub. »In Afrika ist die Großfamilie wichtiger als bei uns, das verstehe ich schon«, räumte er ein. »Das haben wir in Deutschland hinter uns gelassen und das wird auch in Nigeria so kommen.«

Acht Jahre arbeitet Obiegbu nun schon in der Abteilung von Hans-Josef Mammes. Er gründete eine Familie und wurde heimisch. »Ich lebe gern im Ruhrgebiet«, sagt er, »die Menschen hier sind offen, man kann einfach drauflosplaudern.« Neben der Arbeit konnte er sein Studium der Wirtschaftswissenschaften über die Fernuniversität im britischen Milton Keynes fortsetzen und schließlich mit »gut« abschließen. Das Thema seiner Diplomarbeit handelt von Corporate Social Responsibility (CSR), weil ihn die soziale Verantwortung von Unternehmen interessiert. Mit dem Zeugnis hat er sich für eine neue Stelle im Konzern beworben: »Business Development Manager«, fließend Englisch erforderlich. Kein Problem für ihn, Englisch ist seine zweite Muttersprache, gemeinsam mit der nigerianischen Sprache Igbo.

Auf seiner Nachmittagstour durch die Etagen trifft er den Geschäftsführer der Hauptverwaltung. »Werde mir Ihre Unterlagen durchsehen«, ruft der ihm zu. Als freundlichen Postboten, so kennen ihn die Leute. Vielleicht werden sie ihr Bild über ihn erweitern können, ihm eine Chance geben, die seinen neu erworbenen Qualifikationen entspricht.

Im Privaten haben Dennis Obiegbu und seine Frau Bärbel immer wieder diesen Schritt nach vorne getan, um Platz für Neues zu schaffen. »Viele deutsch-nigerianische Ehen scheitern, weil die Offenheit füreinander fehlt«, sagt Bärbel Obiegbu. Die Germanistin unterrichtet Theater an verschiedenen Schulen in Duisburg. »Dennis ist Afrikaner und Ökonom – ich bin Deutsche und Geisteswissenschaftlerin. Wenn es gelingt, offen zu sein, sind diese unterschiedlichen Kulturen eine Bereicherung. Und verändern den Blickwinkel auf die eigene Kultur«, sagt sie.

One Family, One World. Ganz ohne Klischees.

In Obiegbus Essener Alltag sind beide Kulturen präsent. Die Familie tanzt im Wohnzimmer nach Musik aus seiner Heimat. Sie kocht nigerianisch, frittiert Kochbananen oder püriert Yamswurzeln. Er kommt deutlich pünktlicher zu Verabredungen, als in seiner Heimat üblich. Dort wird die Ehe anders gelebt. »Frauen sind von den Männern wirtschaftlich abhängig und die Männer machen, was sie wollen«, sagt er.

Das Ehepaar Obiegbu dagegen unternimmt vieles gemeinsam. Vor drei Jahren übernahmen die beiden die Patenschaft für den öffentlichen Spielplatz im Südviertel von Essen, heute sind sie für die Organisation des Jahresfestes verantwortlich. Kinder toben in einer Hüpfburg, umkurven auf Rollern und Bobbycars einen Hütchenslalom. Nachbarn bringen Kuchen, Porzellangeschirr, Handtücher oder Boulekugeln als Prämien für die Tombola. Mit den Erlösen aus dem Losverkauf soll ein Baumhaus angeschafft werden. Dennis Obiegbu trägt ein T-Shirt mit der Aufschrift: »Karstadt.de. Ein Klick. Mehr Kunde.« Zwei seiner Kollegen aus der Poststelle sind auch gekommen.

Wie ein eingespieltes Team koordinieren Bärbel und Dennis Obiegbu die Teilnehmerlisten fürs Tischtennisturnier und freiwillige Helfer für den Kuchenverkauf. Bei solchen Gelegenheiten merken sie, dass sie mehr Dinge verbindet, als sie kulturell trennt: »Wir

Das jährliche Spielplatzfest im Essener Südviertel, organisiert von den Obiegbus.

kommen beide aus kinderreichen Familien, gehören zu den jüngeren Geschwistern und durften studieren. Das hat unseren Charakter anscheinend ähnlich neugierig, offen und kommunikativ gemacht«, sagt sie. Er sagt es auf seine Weise: »Wir benefizieren voneinander.« Die sechsjährige Tochter Chigozie muss erst von ihrem Schulfreund Mohammed lernen, dass die binationale Ehe ihrer Eltern etwas Besonderes ist:

»Deine Mama und dein Papa passen überhaupt nicht zusammen: Sie ist weiß und er schwarz«, sagt Mohammed.

»Deine Mama und dein Papa passen auch nicht zueinander: Sie trägt Kopftuch, er nicht«, kontert Chigozie.

»Mein Papa hat eine Glatze, der braucht kein Kopftuch.«

»Du hast aber Haare und trägst trotzdem keins.«

Dennis Obiegbu hat seit August 2007 eine neue Stelle. Er ist als Sachbearbeiter im Konzerneinkauf (Logistik) tätig.

Biografien

Marc Becker, geb. 1977, absolvierte von 1997 bis 2000 eine Schreinerlehre. Studium der Innenarchitektur an der Fachhochschule Kaiserslautern. Diverse Fotoausstellungen in der Akademie für Führungskräfte der Deutschen Telekom Bonn (2002), im Bonner Zentrum für ambulante Rehabilitation (2002/2003) sowie weitere öffentliche Präsentationen. Hauptberuflich tätig bei Triad Berlin, einer Kommunikations- und Designagentur mit Spezialisierung auf 3D-Marken- und Produktpräsentation.

Sabina de Castro, geb. 1965 in Köln. Studium Wirtschaft an der Sorbonne, Paris, für ein Jahr. 1985 Beginn des Studiums der Betriebswirtschaftslehre an der Universität zu Köln, Abschluss 1991 als Diplom-Kauffrau. Einstieg ins Berufsleben in Hannover bei Bahlsen als Marketingassistentin, danach Wechsel zur RoC GmbH, einer französischen Kosmetikfirma, zuletzt Marketingleiterin. 1995 Geburt des Sohnes, 1998 Geburt der Tochter. Während dieser Zeit freiberufliche Marketingberaterin. 1999 Einstieg im Marketing bei Deichmann, zuletzt dort stellv. Marketingleiterin. 2005 Wechsel zu OBI als Abteilungsleiterin Marketing, 2007 Wechsel zur Karstadt Warenhaus GmbH, Bereichsleiterin Marketing.

Tiemo Ehmke ist Programmleiter des FORUM46 – Interdisziplinäres Forum für Europa e.V. – sowie Inhaber von ping pong – between art&knowledge in Berlin. Weiterführende Informationen: www.forum46.net

Petra Federmann, geb. 1960. Studium der Wirtschaftswissenschaften von 1979 bis 1983 (Diplom-Ökonomin). Nach verschiedenen Stationen in der Wirtschaft seit 1995 im Geschäftsführungsbereich des Karstadt-Warenhauses in Berlin und seit 2000 in der Karstadt-Hauptverwaltung in Essen im Pressebereich tätig. Seit 2003 arbeitet sie als Direktionsassistentin des Konzernpressesprechers der Arcandor AG (ehemals KarstadtQuelle AG).

Oliver Georg, geb. 1977, ist seit Mai 2007 als Accountant der General Accounting Abteilung bei der Arcandor AG (vormals KarstadtQuelle AG) tätig. Zuvor arbeitete er als Kreditorenbuchhalter im Rahmen einer Arbeitnehmerüberlassung im Asset Management der Karstadt Immobilien AG & Co. KG. Er ist Dipl. Betriebswirt (FH) mit dem Schwerpunkt »Mittelstandsökonomie«.

Michael Paul Herbst ist Kosmopolit. Nach seinem Studium der Elektrotechnik und Energieelektronik lernte er durch seinen Job als Systemanalytiker ganz Europa kennen. In den USA und Südostasien machte er Werbung und studierte ostasiatische Philosophien und Bewegungskünste. Heute lebt er in Düsseldorf und coacht Unternehmen in den Bereichen persönliche Souveränität, Gelassenheit und Widerstandskraft im Job-Alltag. Weiterführende Informationen: www.jetztzeit.com

Martin Hoemberg ist Ensemble-Leiter, Komponist, Arrangeur und Sound-Designer. Förderpreis der Gema Stiftung für innovative Kompositions-Methoden, Dozent für Musikrealisation und Musiktechnologie am Jazzseminar der Hochschule für Musik Köln. Seit 1992 Realisator von Auftragskompositionen des WDR. Ständiger Autor bei Fachzeitschriften und von sieben Fachbüchern zu Recording und Sound Design. Träger des 1. Dan (schwarzer Gürtel) im Shotokan Karate.

Horst Pfitzner, geb. 1940 in Leobschütz, Oberschlesien. Im Flugzeugbau mein Geld verdient. Die Welt zu klein, die Möglichkeiten begrenzt. Schicksal eines Schützen. Die Kunst zum Hobby. Dabei gelernt zu sehen, zu empfinden, zu fühlen, sich zu konzentrieren. Widersprüche, Mond und Sonne, Mann und Frau, Intellekt und Naivität gleichermaßen in sich zu zulassen, unmerklich eins werden mit Raum und Zeit.

Dariusz Radtke, geb. in Kaschubien in Polen, kommt 1988 nach Deutschland. Hier leitet er das FORUM46 – Interdisziplinäres Forum für Europa e.V., eine Plattform für europäische Vordenker. Darüber hinaus arbeitet er als Kommunikations- und Marketingberater für Kultureinrichtungen und Wirtschaftsunternehmen.

Hilka Rösner, geb. 1985 in Soest, studiert seit 2006 Modedesign an der Fachhochschule Bielefeld. Praktika in der Kostümabteilung des Colosseum Theaters in Essen, im Modeatelier Maria Lucas, Köln, und der matoart Kostümwerkstatt, Köln.

Dr. Nadja Rosmann, geb. 1972 in Frankfurt am Main, ist Kulturanthropologin und arbeitet als Journalistin und PR-Beraterin. Sie ist Herausgeberin der Business-Buchreihe inspire! bei J. Kamphausen, Bielefeld, Co-Autorin des Buches »Hören Sie auf zu rennen. Was Manager von Hase & Igel lernen können« (2006, zusammen mit Paul. J. Kohtes) und betreibt das Weblog think.work.different (www.zenpop.de/blog).

Anja Ruf, geb. 1956, lebt und arbeitet in Frankfurt/Main. Sie studierte Politikwissenschaft, Soziologie und Germanistik in Frankfurt/Main und promovierte 1991 mit einer Dissertation über Frauenarbeit und Fordismus-Theorie. Seitdem ist sie die meiste Zeit freiberuflich tätig als Journalistin, Autorin, Fachreferentin, Erwachsenenbildnerin, Forscherin, Studienleiterin bei Kursen für Fachkräfte in Übersee und aktuell schwerpunktmäßig als Redakteurin. Sie betreut für die Zeitschrift »welt-sichten« die Dossiers, die in Kooperation mit nichtstaatlichen Organisationen, Stiftungen oder auch Unternehmen erscheinen.

Dr. Marion Schenk hat Wirtschaftsmathematik und Landwirtschaftswissenschaften studiert. Ihr Weg führte sie nach Etappen in der Forschung zu einem großen deutschen Handelskonzern (Quelle), für den sie viele Jahre im In- und Ausland in der Warenbeschaffung tätig war. Seit 2006 ist sie als CSR Manager Europe verantwortlich für die Einhaltung von Sozialstandards in der Lieferkette (Arcandor AG).

Maria Schmitz studierte Sprachen und Literatur mit Schwerpunkt Französisch an der University of the West Indies (UWI) in Kingston, Jamaika, und schloss 1974 mit dem akademischen Grad »Bachelor of Arts« ab. In Ihrer Eigenschaft als Inhaberin und Geschäftsführerin der CABV Communication leitet sie Workshops für interkulturelle Sensibilisierung. Zudem ist sie Lehrbeauftragte an der FH Mainz für das Wahlpflichtfach Interkulturelle Kompetenz – Deutsch-amerikanische Geschäftsbeziehungen.

Hannelore Schnellbügel erhielt durch den Leistungssport die Grundlage für Erfolge: Freude, Kondition, Disziplin, Mut und mentale Vorbereitung. Als Dolmetscherin und als Projektleiterin sammelte sie langjährige Erfahrungen mit internationalen Großprojekten (USA, Frankreich). Dabei lernte sie, Menschen mit ihren verschiedenen Wertvorstellungen und Ansichten zu achten. Weiterführende Informationen: www.hanneloreschnellbuegel.com

Matthias Schock, geb. 1978 in Homburg/Saar. Diplomtheologe (evang.) und freiberuflicher Referent für Nachhaltigkeitsmanagement und Corporate Social Responsibility (CSR). Derzeit promoviert er zum Themengebiet »Nachhaltige Entwicklung in urbanen Kontexten«. Er studierte Evangelische Theologie, Philosophie und Wirtschaftswissenschaften an den Universitäten Heidelberg, Hamburg und Montpellier.

Ute Stark, geb. 1962, studierte von 1984 bis 1987 an der Fachhochschule Hamburg – Fachbereich Gestaltung (Abschluss: Diplomingenieur der Bekleidungstechnik). Zwischen 1987 und 2003 war sie bei OTTO in Hamburg Substitutin mit Einkaufsberechtigung, Einkäuferin und Zentraleinkäuferin. 1997 wurde sie in den erweiterten Führungskreis aufgenommen, seit 2000 Einkaufsleiterin. Innerhalb der Arcandor AG ist sie seit Dezember 2006 Leiterin Category Management Damenoberbekleidung, Supply Chain Management Mode (Quelle GmbH).

Andreas Vermöhlen, geb. 1980, Bankausbildung, Studium »Außenwirtschaft/Internationales Management« sowie Kultur- und Sozialwissenschaften. 2005 Aufenthalt in Uganda beim Deutschen Entwicklungsdienst im Bereich Public Private Partnership (PPP)/Corporate Social Responsibility (CSR). Nach dem Studium Mitarbeit bei einer Nachhaltigkeitsagentur sowie für internationale Unternehmen.

Anmerkungen

1 Bernd Ziesemer: Pioniere der deutschen Wirtschaft. Was wir von den großen Unternehmerpersönlichkeiten lernen können. Frankfurt a. M. 2006, S. 99.

2 Vgl. die »Erfolgsformel« von Christa Kinshofer: »Glückliche Menschen verlassen ihre Komfortzone, probieren Neues und gehen das Risiko ein zu scheitern. Nur so kann man geistig wachsen und zufrieden sein.« In: Kremer, Kinshofer, a. a. O., S. 334.

3 Dass das permanente Suchen nach Neuem und das stetige Überwinden von Grenzen wohl zu den Eigenschaften des homo sapiens gehört, die sich immer schärfer ausprägen, betont auch Hans-Jörg Bullinger, Präsident der Fraunhofer-Gesellschaft. Hans-Jörg Bullinger: Erneuerungsfähigkeit: Immer eine Idee voraus. In: Spurwechsel. Wirtschaft weiter denken. Hg. von Walther Ch. Zimmerli und Stefan Wolf. Hamburg 2006, S. 50.

4 Vgl. dazu auch Edit Piaf. »Mut ist nichts anderes, als immer bis ans Ende zu gehen.«

5 In: Begegnung. Hoch hinauf, den Sturz vor Augen. Zwei Grenzgänger über die Lust, Träumen nachzujagen – und die Angst im ganz normalen Leben. In: chrismon 8 (2007), S. 30.

6 In: Grenzgänger. Gespräche VII. Hg. von Egon Zehnder International. Düsseldorf 2006, S. 7.

7 In: STERN 48 (2007), S. 30.

8 Hinter der Umfirmierung des Konzerns im Juli 2007 stehen die Neuausrichtung auf internationale Geschäftsfelder und zugleich eine Gewichtung auf den Tourismus. Der Name ist ausschließlich für die Konzernholding und die Finanzkommunikation von Bedeutung – die Traditionsmarken Karstadt, Primondo mit Quelle und den Spezialversandmarken sowie Thomas Cook bleiben erhalten.

9 Erfolg und Demut gehören zusammen: »Wenn du Erfolg hast, glaubst du, das Leben frisst dir aus der Hand«, sagt der Regisseur Klaus Lemke, »aber es ist andersherum. Du selbst wirst Futter.« In: STERN 48 (2007), S. 252.

10 Dazu Paulo Coelho: Elf Minuten. Zürich 2003, S. 125: »Aber ich kann mich auch wie die Ente im See vergnügen und mich über den Wellengang freuen, der plötzlich aufgekommen ist und das Wasser aufgewühlt hat.«

11 Vgl. Bai Ling: »Der Untergang der Harmonie begann mit dem Errichten von Grenzen; sie sind für alle Kriege und jeden politisch motivierten Tod verantwortlich. Grenzen haben die bösen Geister der Menschen erst hervorgerufen.« In: GALORE 28 (Mai 2007), S. 9.

12 Zit. in: David Bornstein: Die Welt verändern. Social Entrepreneurs und die Kraft neuer Ideen. Stuttgart 2005, S. 7.

13 Fredmund Malik: Beyond which limits? In: www.manager-magazin.de/koepfe/mzsg/0,2828,268490-2,00.html (Stand: 7. 10. 2003).

14 Vgl. die Worte des Schauspielers Charley Boorman: »Es ist vielmehr der Reiz, ferne Länder kennen zu lernen und die eigenen Grenzen zu überwinden.« In: »Der Mensch ist besser, als ich dachte.« In: GALORE 19 (2006), S. 122.

[15] Vgl. Anselm Grün: Buch der Antworten. Freiburg, Basel, Wien 2007, S. 94.

[16] Josef Zotter: Schokolade. Die süßen Seiten des Lebens. Wien, Graz, Klagenfurt 2006, S. 23.

[17] Wecker, a. a. O., S. 77.

[18] Den Begriff prägte der leider viel zu früh gestorbene Entwicklungspsychologe und Altersforscher Paul B. Baltes vom Berliner Max-Planck-Institut für Bildungsforschung.

[19] Nach Baltes beginnt das »junge« Dritte Alter im Durchschnitt mit dem 60. Lebensjahr, das Vierte bei dem chronologischen Alter, das die Hälfte der Mitglieder dieser ursprünglichen »Geburts-Kohorte« nicht mehr erlebt – das ist bei uns etwa mit 80 Jahren.

[20] Vgl. Birgit Hering: Weltverbessern beginnt im Kleinen. in: HELPTHEWORLD 2 (2007), S. 10 ff.

[21] Traditionell werden hier beim Faseranbau und Finishing keine aggressiven Chemikalien eingesetzt.

[22] Mitlelfristiges Ziel von Norintra Pure Fashion ist es, die gesamte Kollektion aus Bio-Baumwolle zu produzieren.

[23] Wolf Lotter. Das Schöne und das Gute. In Brand eins 12 (2007), S. 63.

[24] Zit. in: Isabel Mühlbauer: Die neue Weiblichkeit. In: Textil-Wirtschaft 42 (2007), S. 54.

[25] Gertrud Höhler: Die Sinn-Macher. Wer siegen will, muss führen. Berlin 2006, S. 155.

[26] Zit. in: Season (Frühjahr 2007), S. 8.

[27] In: Ich habe eine Traum. In: DIE ZEIT Nr. 48 (20. November 2003), S. 62.

[28] Die Gesetze der Netze. Zwölf Inspirationen von Michael Gleich. In: Living at Work. Hg. von Andreas Grosz und Jochen Witt. München, Wien 2004, S. 66.

[29] Zit. in: Peter Laudenbach: Machen Sie Ihr Spiel! In: brand eins 8 (2006), S. 93.

[30] Vgl. Alexandra Hildebrandt: Die Spur des Grenzgängers. Leben als Passion. Paderborn 2006.

[31] Winfried Kretschmer in: Die Grenzen zum Wachstum. Lernen im Unsicherheitstrakt des Wandels – ein Gespräch mit Peter Kruse. In: http://changex.de/d_a01427print.html (Stand: 13.07.2006).

[32] Gertrud Höhler: Warum Vertrauen siegt. Berlin 2005, S. 138.

[33] Warum Vertrauen siegt, a. a. O., S. 130.

[34] »Wer führt, muss weise führen und mit sich selbst im Einklang sein«, sagt der Mönch Anselm Grün. In: Junge Karriere (Dezember 2007), S. 18.

[35] Zotter, a. a. O., S. 40.

[36] Götz Werner im Gespräch mit Andreas Zeuch. In: Andreas Zeuch (Hg.): Management von Nichtwissen in Unternehmen. Heidelberg 2007, S. 63.

[37] Udo Jürgens: Ich habe einen Traum. In: DIE ZEIT LEBEN Nr. 19 (3. Mai 2007), S. 76.

[38] Zit. in: Götz W. Werner: Führung für Mündige. Subsidiarität und Marke als Herausforderungen für eine moderne Führung. Universitätsverlag Karlsruhe 2006 (Studienhefte des Interfakultativen Instituts für Entrepreneurship an der Universität Karlsruhe, Heft 2), S. 17.

[39] Kim Wilde: »Meine Kirche ist der Garten hinterm Haus.« In: GALORE 22 (Oktober 2006), S. 32.

[40] Vgl. auch Gertrud Höhler: Jenseits der Gier. Vom Luxus des

Teilens. Berlin 2005, S. 138: »Veränderte Lebensumstände, untauglich gewordene Strategien und der Versuch, das eigene Verhalten auf die neuen Anforderungen einzustellen: So beginnt Innovation.«

41 Warum Vertrauen siegt, a. a. O, S. 266.

42 Lukas Hässig: »Was bewegt ... Sergio Merchionne?« In: DIE ZEIT. Nr. 3 (20. Juli 2006), S. 22.

43 Hut ab, Udo beichtet! Interview von Stephanie Göttmann. In: BUNTE Nr. 14 (2005), S. 94.

44 Hélène Grimaud: Ich habe einen Traum. In: DIE ZEIT. Nr. 12 (17. März 2005), S. 78.

45 Zit. in: »Der Mensch als solcher liebt das Abenteuer.« In: GALORE. Das Interview-Magazin. Volume 11 (September 2005), S. 43.

46 Bernd Volland: Björk. In: Stern – Biografien. Menschen, Dramen, Lebenswege. Nr. 1 (2005), S. 128.

47 Ich danke Dr. Bettina Knauer für die Idee, Hermann Rauhe in dieses Buch als Grenzgänger aufzunehmen. Das Interview entstand in Kooperation mit ihr, A. H.

48 Veröffentlicht in: Die Jazzforschung. Band I. Graz 1969.

Literatur

.**Charles Baudelaire** Mein entblößtes Herz. In: Sämtliche Werke/Briefe. Hg. von Friedhelm Kemp und Claudine Pichois in Zusammenarbeit mit Wolfgang Drost. Bd. 6. München 1975-1992.

Walter Benjamin Das Passagen-Werk. In: Gesammelte Schriften. Hg. von Rolf Tiedemann und Hermann Schweppenhäuser. Bd. 5. Frankfurt a. M. 1974 ff.

David Bornstein Die Welt verändern. Social Entrepreneurs und die Kraft neuer Ideen. Stuttgart 2005.

Paulo Coelho Auf dem Jakobsweg. Tagebuch einer Pilgerreise nach Santiago de Compostela. Zürich 1999.

Paulo Coelho Elf Minuten. Zürich 2003.

Die Sprache von Mode und Design. Hg. von **Helmut Merkel, Annett Koeman und Alexandra Hildebrandt**. Essen 2007 (red dot edition).

Carly Fiorina Mit harten Bandagen. Die Autobiographie. Frankfurt a. M., New York 2006.

Georg Franck Ökonomie der Aufmerksamkeit. Ein Entwurf. München, Wien 1998.

Isabelle Giordano Romy Schneider. Das private Album. Berlin, Paris 2006.

Anselm Grün Buch der Antworten. Freiburg, Basel, Wien 2007.

Alexandra Hildebrandt Die Spur des Grenzgängers. Leben als Passion. Paderborn 2006.

Gertrud Höhler Die Sinn-Macher. Wer siegen will, muss führen. Berlin 2006.

Gertrud Höhler Jenseits der Gier. Vom Luxus des Teilens. Berlin 2005.

Gertrud Höhler Warum Vertrauen siegt. Berlin 2005.

Gertrud Höhler Wettspiele der Macht. Berlin 2005.

Grenzgänger. Gespräche VII. **Hg. von Egon Zehnder International**. Düsseldorf 2006.

Matthias Horx Trend-Report 2008. Soziokulturelle Schlüsseltrends für die Märkte von morgen. Kelkheim 2007.

Wolfgang Iser Das Fiktive und das Imaginäre. Perspektiven literarischer Anthropologie. Frankfurt a. M. 1993 (stw 1101).

Eugene O'Kelly mit Andrew Postman Auf der Jagd nach dem Tageslicht. Wie mit meinem bevorstehenden Tod ein neues Leben begann. Aus dem Amerikanischen von Almuth Braun. Finanzbuch Verlag, München 2006.

Alfred J. Kremer, Christa Kinshofer Fit for Success. Die gemeinsamen Erfolgsprinzipien für Spitzenleistungen in Sport und Management. Landsberg/Lech 2001.

Living at Work. **Hg. von Andreas Grosz und Jochen Witt.** München, Wien 2004.

Pascal Mercier Nachtzug nach Lissabon. München, Wien 2006

Ulf von Rauchhaupt Wittgensteins Klarinette. Gegenwart und Zukunft des Wissens. Berlin 2005.

Wilhelm Schmid: Philosophie der Lebenskunst. Eine Grundlegung. Frankfurt a. M. 1998 (stw 1385).

Spurwechsel. Wirtschaft weiter denken. **Hg. von Walther Ch. Zimmerli und Stefan Wolf.** Hamburg 2006.

Wolfgang Ullrich: Habenwollen. Wie funktioniert Konsumkultur? Frankfurt a. M. 2006.

Verantwortung übernehmen. **Hg. von Hans-Peter Meister.** Bensheim 2007.

Konstantin Wecker: die kunst des scheiterns. tausend unmögliche wege, das glück zu finden. München, Zürich 2007.

77 Wertsachen. Was gilt heute? **Hg. von Peter Frey.** Breisgau 2007.

Hans A. Wüthrich, Dirk Osmetz, Stefan Kaduk: Musterbrecher. Führung neu leben. Wiesbaden 2006.

Andreas Zeuch (Hg.): Management von Nichtwissen in Unternehmen. Heidelberg 2007.

Bernd Ziesemer: Pioniere der deutschen Wirtschaft. Was wir von den großen Unternehmerpersönlichkeiten lernen können. Frankfurt a. M. 2006.

Josef Zotter: Schokolade. Die süßen Seiten des Lebens. Wien, Graz, Klagenfurt 2006.

Peter Zürn: Führung und Vorbild. Existential-Aphorismen. Frankfurt a. M. 2002.

BEITRÄGE IN ZEITUNGEN UND ZEITSCHRIFTEN

Bruno Baumann Die Wüste ist mein Element. In: **conturen 3** (2006), S. 8.

Paul Bocuse Ich habe einen Traum. In: **DIE ZEIT LEBEN 49** (30. November 2006), S. 88.

David Bosshart Von Lust zu bewusst. In: **Kunden 2008.** Was Händler von ihrer Zielgruppe erwarten dürfen. Sonderheft Der Handel und GDI Impuls (Januar 2008).

Carla Bruni Ich habe einfach nie nachgerechnet. In: **GALORE 25** (Januar/Februar 2007), S. 10.

BUNTE fragte acht Prominente nach ihrem Lieblingswort. Wolfgang Joop: Heimat. In: **BUNTE Nr. 25** (2004), S. 130.

Nick Danger: Grenzüberschreitungen: in: **Momentum.** Magazin für Zeitzeugen & Momentaufnahmen 1 (2007), S. 25.

Das Leben ist mit dem Tod nicht zu Ende. In: **BUNTE 8** (2007), S. 132 f.

Der Markt ruft nach Charakteren. In: **Junge Karriere** (Januar 2008).

Der Mensch ist besser, als ich dachte. In: **GALORE 19** (2006), S. 122.

Christoph Drössner: Krisenzeichen. In: **DIE ZEIT Nr. 36** (28. August 2003), S. 33.

Engel mit einem Flügel. **Warren Bennis** über geniale Chefs und große Teams – und warum beide so selten sind. In: **Wirtschaftswoche. Nr. 10** (1. März 2001), S. 103.

Birgit Hering Weltverbessern beginnt im Kleinen. in: **HELPTHEWORLD 2** (2007), S. 10 ff.

Hugo Boss Backstage. In: **TextilWirtschaft 15** (8. 4. 2004), S. 56–76.

Lukas Hässig Was bewegt… Sergio Marchionne? In: **DIE ZEIT. Nr. 30** (20. Juli 2006), S. 22

Udo Jürgens: Ich bin an den Alltäglichkeiten gescheitert. In: **GALORE 22** (Oktober 2006), S. 94.

Jana Kern Innovationen: Die Zukunft hat längst begonnen. In: **TextilWirtschaft 52** (2007).

Magdalena Kozená: Ich habe eine Traum. In: **DIE ZEIT LEBEN 1** (28. Dezember 2006), S. 63.

Wolf Lotter Das Schöne und das Gute. In: **brand eins 12** (2007), S. 58-68.

Peter Laudenbach Machen Sie Ihr Spiel! In: **brand eins 8** (2006), S. 93.

Benjamin Lebert Uns verbrennt die Nacht. Aufstieg, Absturz und Wiederkehr des Sängers Kim Frank. Beobachtungen eines alten Freundes. In: Leben. **DIE ZEIT. Nr. 16** (12. April 2007), S. 67.

Jürgen Leinemann: Die Staatsschauspieler. In: **Der Spiegel 39** (2004), S. 142-154.

Life & Style Von Menschen und ihren Häusern (Schöner Wohnen) 4 (2004), S. 167 f.

Bai Ling in: **GALORE 28** (Mai 2007), S. 9.

Wolf Lotter Die Gestörten. In: brand eins 5 (2007), S. 60.

Marken sind Entscheidungsträger. Interview mit Karen Heumann, Jung von Matt. In: **PROMOTION BUSINESS** Das Magazin für vernetztes Marketing 6 (2007).

Morgenmacher Das Magazin der METRO Group Future Store Initiative 1 (2006).

Morgenmacher Das Magazin der METRO Group Future Store Initiative 4 (Dezember 2007).

Isabel Mühlbauer Die neue Weiblichkeit. In: **TextilWirtschaft 42** (2007), S. 54.

Patricia von Papstein Wir sind, was wir spielen. In: **GDI Impuls** Wissensmagazin für Wirtschaft, Gesellschaft, Handel 74 (2007).

Nils Rüdel, Sven Scheffler, Marc Winkelmann Ihre Ideen braucht das Land. In: **Junge Karriere** (Januar 2008).

Neue Sehnsucht nach alten Werten. In: **BUNTE 8** (2007), S. 88.

Dietrich Schwanitz Wolf ganz unter Zombies. In: **Focus 32** (2003), S. 107.

Christiane Soyke/Celia Tremper Am Ende bleibt die Einsamkeit ... In: **BUNTE. Nr. 22** (2006), S. 58.

Michael Stipe Die Geschichte meines Lebens wird von Fotos erzählt. In: **GALORE 23** (Oktober 2006), S. 24.

Veränderung ist Chance. Im Gespräch mit dem Forschungsreisenden **Bruno Baumann**. In: **Diners Club Magazin** (Oktober 2005), S. 48.

Götz W. Werner Führung für Mündige. Subsidiarität und Marke als Herausforderungen für eine moderne Führung. Universitätsverlag Karlsruhe 2006 (Studienhefte des Interfakultativen Instituts für Entrepreneurship, Heft 2).

Kim Wilde Meine Kirche ist der Garten hinterm Haus. In: **GALORE 22** (Oktober 2006), S. 32.

Ranga Yogeshwar in: **GALORE 24** (Dezember 2006), S. 21.

INTERNET

www.changeX.de, www.culture-counts.de

Winfried Kretschmer in: Die Grenzen zum Wachstum. Lernen im Unsicherheitstrakt des Wandels – ein Gespräch mit Peter Kruse. In: http://changex.de/d_a01427print.html (Stand: 13.07.2006).

Fredmund Malik: Beyond which limits? In: www.manager-magazin.de/koepfe/mzsg/0,2828,268490-2,00.html (Stand: 7.10.2003).

Hilke Maudner und Helmut Rupp: Märchenhafter Urlaub. http://freenet.meome.de/app/fn/artcont_portal_news_article.jsp/92641.html (Stand: 09. 12. 2003).

Bildnachweis

Asmuß Heß 22

Bruno Baumann Umschlag, 38, 41, 43–44

Annett Bourquin 25, 29

Annett Bourquin | © Arcandor AG 142

Michael Dannenmann 216

Elke Deichmann | © Arcandor AG 2, 126

Siegfried Gragnato 78

Andreas H. Gratze/Elmar Schwarze | © zotter Schokoladen Manufaktur GmbH 221

Thomas Haentzschel | © Kulturkreis der Deutschen Wirtschaft im BDI e.V. 162, 177

Paul Hahn, Zeitenspiegel | © Arcandor AG 15, 68, 180, 227, 233

Hipp GmbH & Co. Vertrieb KG Umschlag, 200

Karstadt Warenhaus GmbH 228

Christian Klose | © Arcandor AG 236, 266

Rainer Kwiotek, Zeitenspiegel | © Arcandor AG Umschlag, 1–2, 20, 31–33, 35–36, 49, 52, 69, 73–75, 84–86, 90, 93, 96, 99–100, 102–103, 129–132, 148, 168, 188, 205–206, 212, 261

Kulturkreis der Deutschen Wirtschaft im BDI e.V. 172

Herbert Lehmann | © zotter Schokoladen Manufaktur GmbH 192, 220

Motor Entertainment GmbH Umschlag, 164

Markus Pritzi 117

Privat 46, 56, 61, 64, 156, 161

Peter Prix 106

Peter Prix | © Norintra 111

Christoph Püschner, Zeitenspiegel | © Arcandor AG 18, 122, 145, 190, 223–224, 241–243, 245–247

Michael Rennertz | © Kulturkreis der Deutschen Wirtschaft im BDI e.V. 152

Roeckl Handschuhe & Accessoires GmbH & Co. KG 114

Axel J. Scherer, Zeitenspiegel | © Arcandor AG 134, 184

Frank Schultze, Zeitenspiegel | © Arcandor AG 83, 149, 183, 251, 253–255, 268

Jens Schultze (Gestaltung Anja Patricia Helm) 219

Dirk Vogel 208

Alexandra

HERAUSGEBER

Alexandra Hildebrandt

Dr. Alexandra Hildebrandt, geb. 1970, studierte Literaturwissenschaft, Psychologie und Buchwissenschaft an den Universitäten Erlangen-Nürnberg und Bamberg. Promotion über die deutsche Romantik. 2000 bis 2005 leitete sie die interne Kommunikation bei einem internationalen Baustoffhersteller. Seit 2006 ist Alexandra Hildebrandt Leiterin Gesellschaftspolitik bei der Arcandor AG (vormals KarstadtQuelle AG). Lehraufträge und Gastdozenturen, zahlreiche Beiträge für Funk und Fernsehen. Etwa 400 Beiträge in Jahrbüchern, namhaften Zeitungen und Zeitschriften. Herausgeberin und Autorin zahlreicher Sachbücher. Zuletzt erschienen: »Die Spur des Grenzgängers. Leben als Passion« (2006, Junfermann Verlag) und »Die Sprache von Mode und Design« (mit Annett Koeman und Helmut Merkel, red dot edition, Essen 2007). Schwerpunkte: Grenzgängerthemen aus Kultur, Wirtschaft, Wissenschaft und Sport, Handel, Konsum und Megatrends.

Jörg

HERAUSGEBER

Jörg Howe

Jörg Howe, geb. 1957, ist seit 2004 Leiter Konzernkommunikation der Arcandor AG (vormals KarstadtQuelle AG). Er begann seine Laufbahn als freier Mitarbeiter bei ARD-Anstalten und wurde schließlich Leiter der Abteilung Allgemeine Dienste/Koordination in der Chefredaktion von ARD-Aktuell. Später war er Redaktionsleiter der Redaktion »Aktuell« bei Sat.1, danach Programmchef beim MDR. Von 1996 bis 2004 war Jörg Howe Sat.1-Chefredakteur.

NACHWORT

In eigener Sache

Von Alexandra Hildebrandt

Das Buchprojekt »Die Andersmacher« ist selbst ein Grenzgang. Das zeigt sich schon an der Machart, denn der Konzern, für den eine Vielzahl der an diesem Buch Beteiligten tätig sind, präsentiert sich vor allem von seiner Innenseite. Es ist ein Verlags- und kein Imageprojekt. Deshalb ist es von Menschen herausgegeben worden und von keiner Institution. Drei Faktoren spielen eine Rolle, wenn es um das Gelingen erfolgreicher Projekte geht: Wollen, Können und Dürfen. Eines für sich allein genommen ist nichts wert, weil die »nachhaltige« Verbindung fehlt. Visionen, Ideen und Talente haben viele Menschen – wenn die Rahmenbedingungen, das »Dürfen«, nicht gegeben sind, können sie nicht umgesetzt werden. Hier kamen alle glücklichen Fügungen zusammen: Vorgesetzte und Kollegen, die von der gleichen Sinn-Energie geleitet wurden, ein engagierter Verleger, der sich auf »unternehmerisches Neuland« eingelassen hat, eine Lektorin, die die Gratwanderung zwischen verschiedenen Lebens- und Berufswelten perfekt beherrschte. Wir alle haben um Inhalt und Form gerungen.

Die Tantiemen des Buches, dessen Interviews ich in meiner privaten Zeit durchgeführt habe, fließen in den Konzernbereich Gesellschaftspolitik zurück und kommen sozialen Projekten zugute. Auf den ersten Blick mag dieser Ansatz befremdlich anmuten. Weshalb macht jemand so etwas? – Weil es dem eigenen Wesen entspricht, das Beste für die Sache zu wählen und nicht für sich selbst. Das Projekt zeigt zugleich, dass letztlich alles mit allem zusammenhängt und am Ende Sinn stiftet. Das Buch ist – so mein Wunsch und meine Hoffnung – ein innerer Gewinn, der sich monetär nicht messen lässt.

Essen, im Frühjahr 2008

Vom Glück der Buchgestaltung

Matrix Buchkonzepte, Christina Modi/Maren Orlowski

Die Buchgestaltung hat eine lange Tradition. Begonnen hat sie in den Klöstern, als Bücher noch kalligraphiert wurden, das Schreiben ein Privileg der Mönche war. Jedes Buch, jede Seite, jede Illustration ein Unikat. Gutenberg tat den entscheidenden Schritt hin zu druckbaren Lettern, um mit den Büchern Wissen und Bildung jedermann zugänglich zu machen. Das sollte Jahrhunderte dauern. Bücher sind Wissensvermittler, Unterhalter, Tröster, Informationsträger, Lehrer, Begleiter und auch Dokumente, Zeitzeugen. Sie wollen die Welt in allen Nuancen abbilden, uns informieren oder uns die Zeit vertreiben mit Poesie oder auch Fantasie, oder purem Humor. Das Buch ist heute ein Medium unter vielen, und dort setzt die zeitgemäße Buchgestaltung an. Im und mit dem Buch werden Inhalte mittels Typographie, Bild und Illustration beschrieben und strukturiert. Was will Typographie? Der Begriff beinhaltet die verschiedenen Schriften, die Schriftgestaltung und das Spiel der Ästhetik um die Lesbarkeit. Die Typographie soll das Lesen erleichtern, das Auge von Zeile zu Zeile führen und Hauptinformationen von untergeordneten Informationen abheben. Räume werden auf der Doppelseite nach ästhetischen und visuellen Rastern geordnet. Der Buchgestalter möchte beim Leser auf einen Blick Neurgierde für die Inhalte wecken.

Man sagt, mit Anbruch des Computerzeitalters und sich vermehrender digitaler Medien ist dem Buch eine »bizarre« Nische zugewiesen. Es erlaubt uns, unabhängig von Orten, technischen Geräten und städtischer Infrastruktur zu lesen: in unserer eigenen Zeit, mit Pausen, Vor- und Zurückblättern, kleinen eigenen Anmerkungen und einem haptischen Genuss von Papier und Einband. Man nimmt ein Buch in die Hand und spürt, wie es sich anfühlt… es gibt Bücher, die möchte man sofort berühren, kaum hat man sie erblickt.

Es herrscht eine Leidenschaft zwischen Verlegern, Autoren, Lektoren, Typographen, Gestaltern, Fotografen, Illustratoren und Lesern: die Bibliophilie, die Bücherliebhaberei. Das ist der erste Gedanke der »Buchschaffenden« und »Büchermacher«: ein Begehren für das Buch und seinen Inhalt zu wecken.

Zwischen unablässig sendenden Fernseh- und Radiokanälen, Handys und Internetpräsenz muss der Buchgestalter die besondere Kunst entwickeln, die Aufmerksamkeit über Form- und Farbsprache sowie stimmige Typographie auf ein bestimmtes Thema zu lenken, das Auge des Vorrübereilenden einzufangen!

Ab hier ist der Kreativität keine Grenze gesetzt. Publikumsgeschmack und Sehgewohnheiten, aber die Vision, Grenzen zu erweitern und manchmal zu durchbrechen, bilden ein Forum, in dem sich Autor, Verleger, Lektor und Designer inspirieren. Kooperation und tiefes Interesse bewirken den Erfolg. Die Nachhaltigkeit von Büchern ist das Glück von schönen Buchausgaben.